KB250913

남의   집
찬장 구경

남의 집 찬장 구경

달그락 달그락

젊은 마님들의 그릇 이야기

장민 · 주윤경 지음

앨리스

남의 집
찬장 구경처럼
즐거운 일이
또 있을까

모든 일이 그렇듯이 시작은 참 거창했다. 처음엔 도예가와 잡지 에디터인 우리 두 사람의 전문성을 살려 도자기를 활용한 인테리어 가이드를 제시해보려고 했었다. 하지만 곧 우리가 가장 잘할 수 있는 것은 집 전체를 아우르는 인테리어가 아니라 '찬장'에 집중하는 것임을 깨달았다. 그렇게 부엌으로 범위를 좁히고, 찬장 안 그릇을 조명하기로 했다.

찬장은 상당히 내밀한 취향을 담아두는 곳이다. 찬장 안의 그릇은 옷이나 가방처럼 입거나 들고 다니면서 남에게 보여줄 수 있는 것이 아니기 때문에 더더욱 찬장 주인의 본능적인 취향이 담기게 마련이다. 친한 사람들을 집으로 초대했을 때, 찬장 깊숙한 곳에 소중히 간직해온 그릇으로 식탁을 차리는 것을 생각해보면 더욱 그렇다.

우리는 구미가 당기는 그릇을 볼 때마다 그 주인에게 찬장을 통째로 보여 달라고 졸라댔다. 그러다 보니 신나게 찬장 구경이나 다니자는 마음이 되었달까. 개성 넘치는 찬장을 넘나들며 배운 것도 많았다. 그렇게 들여다본 열 개의 찬장에서 꺼낸 그릇과 이야기를 이 책에 오롯이 담고 싶었는데, 모자라거나 쓸데없이 넘치지는 않을지 걱정이 앞선다.

찬장 주인들의 이야기와 더불어 가능한 한 다양한 그릇을 많이 보여주기 위해 애썼다. 욕심껏 하자면야 세상의 모든 그릇을 책 안에 꾹꾹 눌러 담고 싶었다. 그렇게 책에 실은 수많은 접시와 찻잔과 사발을 보면서 우리가 느꼈던 소박한 희열과 설렘, 약간의 소유욕, 그리고 우리 각자의 살림을 좀 더 살뜰하게 돌보고 싶다는 욕망을 독자 여러분도 함께 느낄 수 있으면 좋겠다. 나아가 도자기와 그릇을 사랑하는 '포슬리니아'들이 더욱 늘어나길 바란다.

우리의 이런 의도를 알고도 혹은 몰랐기에 기꺼이 찬장을 열고 이야기를 들려준 열 명의 인터뷰이에게 감사를 전한다. 무리한 스케줄에 까다로운 촬영을 부탁해도 늘 유쾌하게 함께해준 스튜디오 운트 김선아 실장과 펀 스튜디오 정준택 실장, 두 사람 덕분에 좋은 사진을 담을 수 있었다. 급박한 일정과 두서없는 원고, 중구난방의 사진을 멋진 한 권의 책으로 엮어준 아트북스 편집부에도 고마움을 전한다. 그들이 없었다면 이 책은 표류하다 어디론가 사라졌을지도 모를 일이다. 특별히 든든한 버팀목이 되어주는 가족들과 도예공방 인클레이주 식구들, 늘 믿어주는 친구들, 외국의 친구들(especially thanks to Steve)에게도 고맙다는 말을 전하고 싶다.

무엇보다 '찬장' 하면 떠오르는 우리의 엄마들, 김부자, 이승일 두 분께 콧등이 시큰해지는 감사를 보낸다. '꽃가라' 도자기와 레이스 일색인 김부자의 찬장이 없었다면, 도무지 짝 맞는 그릇을 찾을 수 없어 억지로 믹스매치를 해야 하는 이승일의 부엌이 없었다면 우리의 이야기는 지금보다 훨씬 심심하고 밋밋했을 것이다.

마지막으로 오늘도 찬장을 정돈하고 그 안에 반짝반짝한 이야기들을 채워 넣는 한국의 살림꾼 엄마들에게 응원과 격려를 보낸다.

엄마들의 찬장을 생각하며,
장민·주윤경

차례

크건 작건 자신만의 그릇장을 갖추면 부엌으로 향하는 발걸음이 조금은 가벼워질 것이다.
특히 그릇장은 가지고 있는 그릇을 일목요연하게 볼 수 있게 해주고,
계절에 따라 쓸 것은 쓰고 넣어둘 것은 넣어둘 수 있어 편리하다.
무겁고 큰 그릇들은 아래에, 자주 쓰는 그릇이나 컵 등은 눈높이에 올려두자.

눈에서 멀어지면 마음에서 멀어진다는 말은 사람 사이에만 해당되는 이야기가 아니다.
찬장 깊숙이 넣어둔 그릇은 좀처럼 꺼내지 않게 되니 말이다.
바구니에 좋아하는 그릇을 잔뜩 꺼내놓고 내키는대로 아낌없이 써보자.
자기는 생각보다 튼튼해 바구니 속에서 왈강달강 부딪혀도 쉽게 깨지지 않는다.

접시를 세워 보관할 공간이 없다면 서랍을 활용해보자.
접시를 크기별로 분류하면 낮은 서랍에도 꽤 많은 양을 수납할 수 있다.
특히 가스레인지 아래쪽 서랍에 자주 쓰는 접시나 그릇을 보관하면
요리 후 동선을 줄일 수 있다.

선반이나 창턱에 마음에 쏙 드는 그릇,
볼 때마다 흐뭇한 컵 등을 올려두자.
좋아하는 식기를 자주 사용하게 될뿐더러,
그 자체로 멋진 소품이 된다.

젊은 마님의 열린 부엌

양 정 은

요리연구가,
'좋은 일만 있으라고 호호당' 대표

好 好 堂

호호당, 처음 듣는 순간부터 기분이 좋아지는 이름이었다. 한글과 한자의 뜻과 발음이 명랑하게 어울리는, 어쩐지 유쾌한 일만 있을 것 같은 공간. 어머니가 결혼한 딸의 신혼집에 붙여준 이름이라 그런가, 이악스러운 장삿속 같은 건 전혀 느껴지지 않았다. '상호'가 아니리 '당호'인 셈이니 당연한 일인지도. 멋진 작명 덕에 더 관심이 가는 호호당에는 자신이 좋아하는 요리로 찾는 이들에게 유쾌함을 전하는 호호당 아씨, 양정은이 있다.

'정미소'에서 '호호당'으로

양정은은 한복과 궁중 요리 장인이었던 할머니, 한복 관련 일을 하던 아버지 아래에서 남다른 어린 시절을 보냈다. 간식은 늘 전통과자나 두텁떡 같은 것들이었고, 김장을 할 때면 으레 배추 2~300포기씩 손질하는 집안에서 자란 덕분에 '맛있는 것을 위한 일은 고생이 아니다'라는 태도가 절편에 새겨진 떡살 무늬처럼 콕 박혀 있다. 그녀는 자신의 성장 배경에서 현재를 그렸다.

대학 진학 즈음, 양정은은 한창 인기 있던 드라마에 빠져 호텔경영학과

를 지망했지만 경쟁이 너무 치열해 '비슷하려니' 하는 생각으로 경영학과에 입학했다. 졸업 후 꿈꾸던 호텔에서 일하다가, 결국 음식 만드는 일로 돌아왔다.

"호텔의 식자재 관리부서에서 근무했어요. 내내 컴퓨터 앞에 앉아 있다 필요한 것들을 살피기 위해 주방에 가면 셰프들이 그렇게 행복해보일 수가 없더라고요. 뭔가 반짝반짝 빛나는 느낌이랄까."

어릴 때부터 온갖 음식을 맛보며 입맛을 단련하고 꾸준히 요리에 관심을 가져왔던 스스로를 믿으며 본격적으로 요리 공부를 한 양정은은 먼저 '깨끗한 물 길어 밥 짓는 곳, 정미소精米所'를 열었다(이 이름 역시 어머니의

솜씨다). 정미소의 주메뉴는 엄마가 차려준 집밥처럼 담담하고 소박한 비빔밥이었다. 오픈한 지 얼마 지나지 않아 정미소는 연일 문전성시를 이루었지만, 그녀는 조금씩 지쳐갔다.

"혼자 음식을 만드니까 너무 힘들고, 나중에는 손님이 반갑지 않은 거예요. 이건 아니다 싶어서 일단 접었어요."

정미소를 그만둔 다음 결혼을 한 그녀는 얼마 후 계동에 호호당을 내고 다시 요리를 시작했다.

"뭘 하겠다는 생각으로 호호당을 연 건 아니에요. 음식 만드는 것을 좋아하니까 요리와 관련된 다양한 일을 하다가 나중에 정말 좋아하는 일이

생기면 그걸 해야지 했죠."

　계동을 떠나 지금의 자리로 옮긴 지 어느덧 2년. 호호당에서 그녀는 떡도 만들어 팔고 친정 엄마의 마음으로 이바지 음식을 싸고, 외국인들에게 한식 강의도 하고, 회사원 아저씨들에게 요리의 즐거움을 알려주며 '호호당 2.0'의 시기를 만끽하는 중이다.

한 식 의 선 을 포 착 하 다

　양정은이 가진 그릇은 한식에 어울리는 것들이 많다. 특히 정미소를 열 때 마련했던 백자 식기와 소반이 부엌에서 든든한 바탕이 되어준다. 정미소를 열면서 플라스틱 그릇은 사용하지 않겠다는 결심을 하고 '한국도자기'에서 깔끔한 백자를 대량 구입했다. 단풍처럼 붉은 기가 도는 장미목 소반도 그때 함께 구했는데, 예산에 맞고 품질도 만족스러운 것을 찾느라 발품을 팔았던 추억도 덤으로 품고 있다. 정미소에 좌식 공간을 마련하면서 한꺼번에 들였던 소반을 이제는 스튜디오 한쪽에 차곡차곡 쌓아두고 있는데 그 모습이 멋스럽기 그지없다.

　자주 사용하는 그릇 대부분을 열린 선반에 모아둔 덕분에 한눈에 그녀의 취향을 알 수 있다. 싱크대 위 찬장에서 그릇을 찾으려는 우리에게 그녀는 눈에 보이지 않으면 결국 사용하지 않게 돼 찬장에 그릇을 넣어놓지 않는다고 일러주었다. 주부인 우리는 그 말에 격하게 공감했다. 그녀의 말마따나 "세 번째 칸 안쪽에는 큰 청화백자 접시가 있고, 다섯 번째 칸 아래쪽에는 꽃무늬 파스타 접시가 있지” 하고 생각하며 살림하는 사람이 어디 그리 많겠는가 말이다. 선반에는 역시 백색 그릇이 단연 많았고 청자를 떠올리게 하는 그릇도 종종 보였다. 신기한 점은 하나같이 ‘한국적인 선’이 느껴지는데 실제로 전통자기는 별로 많지 않다는 것.

“지인들이 ‘이거 어디서 샀냐’고 종종 물어보는데, ‘다이소’라고 대답하면 다들 웃더라고요. 다이소에 가면 기본 그릇을 아주 저렴하게 구입할 수 있어요. ‘모던하우스’에도 자주 가고, ‘무인양품’ 그릇도 좋아해요.”

원하는 스타일의 그릇을 저렴한 비용으로 구하는 것은 사실 쉽지 않은 일이다. 여러 이유로 그녀의 눈이 ‘전통의 선’을 찾는 데 최적화되어 있기 때문에 가능했을 것이다. 그렇다면 이런 것이 바로 ‘안목’ 아닐까?

그릇을 들이는 이유

양정은은 두 가지 이유로 그릇을 산다. 하나는 수강생들에게 좋은 경험을 선사하기 위해, 다른 하나는 스스로의 아쉬움을 달래기 위해서다. 호호당에 요리를 배우러 오는 사람들 중에는 어쩌다 한 번 음식을 만들거나, 요리를 전혀 하지 않는 이들도 있는 터라 그들에게 오히려 더 좋은 도구들을 경험하게 해주고 싶다는 마음이 컸다. 그래서 메뉴 구성에 따라 어울리는 그릇을 아낌없이 구입하고, 최근에는 깊고 진한 풍미의 스튜를 만들어 그 맛을 여러 사람들과 나누려고 스타우브 주물냄비도 들여놓았다.

스스로를 위한 그릇 구입은 마음을 달래는 용도다. 계동에서 호호당으

로 이사 오면서 아끼던 테이블을 두고 올 수밖에 없었던 경험이, 오래 오
래 머무를 곳이 아니면 짐을 늘리지 말자는 결심을 하게 했다. 그런 이유
로 큰 테이블이나 가구를 들이지 않는 대신 그릇으로 아쉬움을 채운다. 어
쩌다 친구를 만나러 간 인사동 골목길에서, 즐겨 가는 저렴한 가게에서,
남대문 시장에 들렀다가 눈에 들어오는 것이 있으면 한두 개씩 산다. 도자
기 외에도 다양한 그릇을 갖추고 있는데, 방짜 유기는 어머니로부터 물려
받았고 이바지 음식을 준비하면서 옻칠목기의 매력에 빠지기도 했다.

"옻칠목기를 사고 싶다면 남대문에 가보세요. 저도 처음에는 남원에도
가보고, 옻칠목기로 유명한 지방이 가게에도 가봤는데, 똑같은 제품을 남
대문에서는 정말 싸게 팔거든요. 제가 자주 가는 곳은 이바지 음식 전문가
들도 찾아오더라고요."

여자들이 그릇을 들이는 이유도 어찌 보면 비슷하다. 명품백처럼 부담
스러운 가격도 아니고, 비싼 커피처럼 마시면 없어지는 것도 아니니 자신
을 위한 위로, 다독임 혹은 약간의 호사로 예쁜 그릇을 찾는 것이다. 또 가
족들을 위해서는 안전한 식기, 효율적인 도구, 향미를 풍부하게 해주는 겹
겹의 냄비를 산다. 양정은은 거기에 호호당을 찾는 수강생과 지인 들을 위
해 좀 더 다양한 그릇을 갖추려 즐겁게 노력하고 있다.

최근 그녀는 다시 계동으로 옮길 준비를 하는 중이다. 스승인 오정은,
'오키친' 대표와 공간을 공유하며 살림을 돋보이게 하는 일을 시작할 계획
이다. 주문 받은 떡과 이바지 음식 등을 포장하느라 만들었던 보자기 등
포장소품, 앞치마, 유기 등을 본격적으로 상품화하는 작업을 그녀의 평소

모습처럼 단아하게 차근차근 진행하고 있다. 세련돼 보이지만 날카로운
유기의 성정을 포근하게 감싸주는 누비 주머니와 전통을 실용적으로 해석
한 가방 모양의 보자기가 특히 눈에 띈다. '포장' 쪽에 무게를 둔 상품 개
발에 한창이라는 그녀의 얼굴은 마냥 즐거워 보였다.
　양정은의 부엌에 앉아 나른한 오후 햇살을 받으며 이야기를 나누던 순
간을 떠올리면 시인 안도현의 「무밥」이 생각난다.

　　들척지근하고 삼삼한

　　이 한 저녁을

　　나는 달그락달그락

　　사랑하지 않을 수 없다

_안도현, 『간절하게 참 철없이』 (창비, 2008)

　소담하고 수선스럽지 않은 양정은의 호호당, 그 열린 부엌에서 더 많은
이들이 달그락달그락 즐겁게 삶을 요리하는 법을 배우길 바란다.

찬장 속 모녀
삼대 이야기

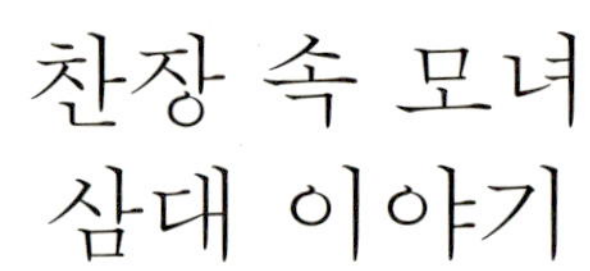

김 인 양

영화 미술감독,
공간 크리에이팅 그룹 인앤 대표

SCHUBERT

나이 차가 거의 없어도 자연스레 '언니'라고 부르게 되는 사람들이 있다. 내겐 김인양 감독이 그런 사람이다. 몇 년 전 '결정의 결정판'인 결혼 준비에 허덕이던 내게 그녀는 명쾌하고 합리적인 조언을 아끼지 않았는데, 그때부터 큰언니처럼 의지하기 시작했던 것 같다. 김인양은 영화 미술감독으로 오래 일하며 익힌 감각을 바탕으로 가격 합리성이 중요한 물건과 좀 비싸더라도 그럴 만한 가치가 있는 것들을 탁월하게 골라내는 재주가 있다.

뭘 물어봐도 바로 답이 나오니, 내게 그녀는 '무르팍 도사님' 같은 존재다. "에스프레소 머신이 필요한데 N 브랜드로 살까요?" 하고 물으면 "I 브랜드를 해외직구로 사. 바우처 신청을 해서 커피도 싸게 사고" 하며 답을 척척 내놓는다. 그래서 더욱 그녀의 찬장이 궁금했다. 분명 내가 모르는 세계가 거기 있을 테니 말이다.

찬장의 삼단 변신

김인양은 명쾌하고 호방하다. 만날 때마다 특유의 거침없는 사교성과 수완에 매번 놀란다. 예컨대 홍대 앞에 신발을 사러 가면, 어느새 주인과

목가적인 일러스트가 프린트된 빌레로이 앤드 보흐의 머그는 빈티지 소품과도 잘 어울린다.

친해져 가게가 잘되려면 어떻게 해야 하는지 조언을 하거나 지인들이 할인가로 구두를 살 수 있도록 해준다. 누구와도 금세 친해진다는 건 드물지 않은 일이지만, 만남이 오래되지 않은 이들에게도 넉넉한 마음 씀씀이를 보여준다는 건 쉽지 않은 일이다.

계절이 바뀌어 침구를 바꿀 때가 되면, 그녀는 으레 동대문으로 향한다. 백화점 브랜드 제품의 절반도 안 되는 비용으로 좋은 품질의 원단을 골라 원하는 스타일로 제작하기 위해서다. 요즘처럼 '해외직구'가 유행하기 훨씬 전부터 이미 그녀는 외국 사이트를 통해 새빨간 에스프레소 머신과 탐나도록 예쁜 머그 등을 구입하곤 했다. 언젠가는 비싼 핸드페인팅 코모도를 갖고 싶어 마음을 달싹이던 내게 이태원 앤티크 숍에서 저렴하게 구할 수 있는 방법을 알려주기도 했다. 신기할 정도로 그녀는 합리적으로 즐겁게 쇼핑하는 방법을 잘도 찾아낸다. 10여 년이 넘도록 온갖 영화에 쓸 소품을 구하고, 배치하는 일을 하며 쌓은 경험이 그 토대가 됐을 것이다.

혼수용 그릇을 마련할 때에도 '시각적 취향'과 '규모의 경제'를 원칙으로 삼았다. 흰색과 회색, 검정색 등 무채색에서 편안함을 느낀다는 김인양은 흔히 그렇듯 꽃그림이 그려진 '혼수용 68피스 세트' 대신 장식이 전혀 없는 흰 그릇만 대량으로 샀다. 그렇다고 대충 고른 것은 절대 아니다. 도톰한 두께감과 손에 '착' 감기는 느낌이 좋은 것을 보면 얼마나 공들여 골랐는지 짐작이 간다.

김인양의 무채색 찬장에 변화의 물결이 일렁이게 된 것은 친정어머니

어머니를 위한 포트메리온의 보타닉 가든 라인과 딸을 위한 빌레로이 앤드 보흐의 디자인 나이프 시리즈가 찬장을 가득 채우고 있다.

공간을 만들어 내는 그녀는 의자나 테이블이 그려진 식기에도 관심이 많다.

와 함께 살면서부터다. 바깥일로 바쁜 딸을 위해 살림 안팎을 살뜰하게 챙겨주시는 어머니를 위해 그녀는 '포트메리온'의 디너웨어를 잔뜩 사서 찬장을 채워놓았다. 두 번째 변화는 딸 서하가 태어나면서 찾아왔다. 아이를 위한 그릇을 고민하던 그녀가 고른 것은 '빌레로이 앤드 보흐'의 디자인 나이프 라인이다. 그릇마다, 컵마다 다양한 일러스트가 그려져 있어 아이는 놀이를 하듯 즐거워하며 밥을 먹고, 그녀 역시 푸근하고 목가적인 일러스트에 반해 머그를 자주 애용한다.

"이 머그가 지금 쓰고 있는 일리 에스프레소 머신에 쏙 들어가거든요. 뜨거운 물을 5부 정도 넣고 에스프레소를 30ml 추출하면, 딱 좋은 아메리카노가 돼요."

덕분에 그녀의 책상에선 늘 귀여운 일러스트가 들어간 머그를 볼 수 있고, 찬장 속엔 모녀 삼대의 그릇이 나란나란 사이좋게 정리돼 있다.

한편, 찬장에 두지는 않지만, 캠핑용 식기도 빼놓을 수 없다. 주말이면 성실하게 캠핑을 떠나는 이 가족은 낮에는 실컷 자연을 느끼고 밤에는 나무 사이에서 한가롭게 영화를 즐기는데, 덕분에 캠핑용 식기들이 점점 늘어나고 있다. 디자인이 썩 아름다운 것도 아니고 가격이 저렴하지도 않지만, 엄연히 일군의 그릇들인데다 관리를 열심히 하지 않으면 금세 망가지기 때문에 볕 좋은 날엔 캠핑용 그릇들을 꺼내 바짝 말리는 것을 잊지 않는다.

한식에 어울리는 그릇을 찾아 나서다

최근 김인양은 새로운 그릇을 들일 채비를 하고 있다. 일에 열중하다가 딸에게 엄마가 필요하다는 것을 절감하고 일의 속도를 늦추면서 새삼 한식기에 관심이 생겼다. 손님이 와도 집에서 밥을 차려 먹는 것을 좋아하고, 일상적으로 먹는 음식도 대부분 한식이니 그녀의 눈썰미가 매일 보는 그릇에 가 닿은 것이다. 실제로 서양과 한국의 접시는 형태 면에서 차이가 크다. 조선시대를 기준으로 한국의 식기는 우묵한 그릇을 크기와 용도에 따라 바리, 사발, 보시기, 종지로 나누어 사용했다. 한식기에서 납작한 그릇은 접시와 쟁반 정도밖에 없다. 접시도 원래는 우묵한 사발에서 출발, 점점 운두가 낮아지면서 납작하게 변한 것이다. 그래서 우리나라의 접시는 약간 볼륨감이 있고 운두가 높은 반면, 서양식 접시는 TV도 아닌데 '완전평면'에 가깝다. 물기 있는 반찬이 많은 한식 상차림에서 완전평면 접시는 반찬 국물을 주룩 흘리는 성가신 사건의 주범이 되곤 한다.

"형태도 그렇지만, 색감도 중요해요. 한식은 삶거나 익히는 음식이 많아 완성했을 때 채도가 낮아지는데, 선명한 프린트가 새겨진 서양식 자기에 담아내면 왠지 음식이 풀 죽은 느낌이 들어요."

김인양은 우선 가격이 저렴해 부담이 덜한 이마트의 '자연주의' 제품으로 고르고 있다고 했다. 그런 다음 훗날 광주요와 우일요의 제품으로 확장해갈 계획이다. 젊은 도예가들에 대해 궁금해하는 그녀에게 윤경은 바로 세련미와 실용성을 갖춘 김선미 작가, 모던한 감각의 도예가 장진, 그리

김인양의 집에 찾아간 날, 그녀는 햇빛도 놓치지 않고 살뜰하게 활용하고 있었다. 캠핑용 식기는 부지런히 관리하지 않으면 금세 상태가 나빠진다. 사용 후 바로 세척하고 가까운 시일 안에 햇볕에 말리는 것이 좋다.

고 한국적 실용미를 잘 보여주는 이도를 추천했다. 또 이미 갖고 있는 흰색 식기들에 세련된 흑유자기를 매치하면 품위 있는 상차림이 가능할 것이라는 조언도 덧붙였다. 백자는 흙과 유약의 종류에 따라 그 색도 천양지차이며 작가의 손길이 제각각 독특한 질감으로 나타난다는 것도 기억해두면 좋겠다.

"저희 부부는 영화를 업으로 삼고 있어요(그녀의 남편은 세트제작회사 난든집의 대표다). 늘 영화를 보는 남편, 끊임없이 가구를 옮기고 그림을 그리는 저, 엄마를 따라 계속 뭔가 만드는 딸, 뜨개질이며 요리며 못 하시는 게 없는 어머니, 이런 사람들이 사는 집이라 늘 크고 작은 공사 구간이 있죠."

머지않아 그녀의 찬장에도 큰 변화가 찾아올 것이다. 김인양이 고른 한식과 그릇은 어떤 모습일지, 또 그 과정에서 얼마나 많은 이들을 만나 유쾌한 이야기들을 나눌지 벌써부터 궁금하기 그지없다.

미술감독으로 일하는 사람답게 그녀의 손님상은 남다른 데가 있다. 다양하지만 부산스럽지 않고 식기와 집기의 높낮이를 달리해 적당한 리듬감을 준다.

마트에서 그릇 잘 고르는 법

마트에서는 어쩐지 그릇을 사기가 망설여진다는 사람들이 많다. 오늘도 살까 말까, 집었다 놓았다,
뒤집기를 반복하는 당신을 위한 팁 몇 가지.

기본 식기는 넉넉하게

단순한 디자인의 그릇이 많이 필요하거나, 밥공기나 대접 등 자주 쓰는 식기를 살 때는 백화점보다 마트가 유리하다. 기본 식기는 최대한 깔끔한 디자인으로 고르고, 포인트가 될 만한 꽃무늬 등이 새겨진 것을 함께 매치하면 좋다. 이마트에서 만든 생활용품 브랜드 '자연주의'는 가격도 저렴하고 식약청의 안전성 시험을 거치므로 믿을 만하다. 일부 인터넷 사이트에서 판매하는 그릇 중에는 원산지나 안전성 확인이 되지 않은 것들이 종종 있으니 주의해야 한다.

유리 제품이 유리하다

유리 제품은 고가의 브랜드나 특별한 디자인의 제품을 찾는 것이 아니라면 대형 마트의 제품들도 충분히 경쟁력을 갖추고 있다. 백화점 그릇과 원산지가 다른 경우도 많지만, 마트에서 취급하는 제품도 정상적인 유통 과정을 통해 수입되기 때문에 안전하다. 크리스털은 백화점과 가격 차이가 크니 자주 사용할 저렴한 유리 제품을 찾는다면 역시 마트가 가장 유리하다.

아이들을 위한
그릇이 다양하다

마트는 아무래도 주부들에게 밎춰진 쇼핑 공간이라 어린이용 식기를 가장 다양하게 갖추고 있다. 아이들이 좋아하는 캐릭터 문양이 들어간 것도 수없이 많고, 유치원에 보내기에 적당한 것 등 용도별로 구별돼 있어 원하는 것을 찾기에 용이하다. 단 아이들이 써야 하니 재질이나 사용하기 쉬운지, 세척하기에 용이한지 등을 꼼꼼하게 확인해야 한다.

단품은
세일 기간을 노리자

마트와 백화점에서 같은 브랜드를 판매하더라도 제품 자체의 라인(디자인)이 다른 경우가 많다. 포트메리온 등 몇몇 브랜드에서는 백화점이나 마트 상관없이 동일한 제품을 판매하기도 하니, 단품으로 구매할 때 원하는 라인이 마트에 있는지 먼저 확인하는 것이 좋다. 또한 재고품 세일 기간에 맞춰 가면 독특한 디자인의 단품 그릇을 저렴하게 구할 수 있다.

그릇 쇼핑, 어디로 갈까?

결혼이나 집들이 같은 특별한 이벤트가 아니라면 그릇을 대량으로 들일 일은 거의 없다. 그래서 막상 그릇을 사려면 어디서 사야 할지 마땅한 곳을 떠올리기가 쉽지 않다. 본격적으로 그릇을 사러 가기 전, 성향과 목적에 따라 적당한 곳들을 골라보자.

여러 브랜드 숍에서 쾌적한 쇼핑을
영등포 타임 스퀘어

쇼핑몰, 백화점, 마트가 한자리에 모여 있는 영등포 타임 스퀘어는 딱히 살 것이 없어도 가벼운 마음으로 둘러보기 좋다. 모던 하우스, 프랑프랑 등 여러 브랜드 숍이 들어서 있고, 지하에 자리 잡은 이마트에 가면 자체적으로 수입한 그릇뿐만 아니라 자연주의 매장에서 저렴하게 그릇을 구할 수 있다. 백화점에 가면 포트메리온, 프렌치 불, 젠한국 레이첼 바커, 르 크루제 등의 브랜드를 비롯해 다양한 리빙 제품을 볼 수 있다. 무엇보다 비가 오나 눈이 오나 언제나 쾌적하게 쇼핑할 수 있다는 것이 장점.

가벼운 지갑으로 넉넉하게
황학동 시장

'구제 시장'이라는 별칭으로 알려진 황학동 시장에서 그릇이 차지하는 비중은 그다지 높지 않다. 대신 식당용 설비를 제작하거나 중고로 판매하는 곳이 많은 것이 장점이다. 중고 그릇은 크기와 종류에 따라 다르기는 해도, 일반적으로 가정에서 사용하는 것들은 대부분 3천 원 이하로 살 수 있다. 폐업한 식당이나 공장 등에서 가져온 물건이 많은데, 넘쳐나는 물량 사이에서 마음에 드는 것을 찾아내는 '매의 눈'이 필요하다. 그 밖에 양은 냄비, 막걸리잔, 놋쇠 수저, 오래된 소반 등 아련한 향수를 불러일으키는 물건도 구할 수 있다.

한국도자기 아울렛

한국도자기에서는 자회사 형식으로 특판 매장과 본차이나 매장을 운영하는데, 시즌이 지난 제품을 저렴하게 구입할 수 있고 라인업도 비교적 다양하다. 청담동에 있는 한국 본차이나 매장은 린넨화이트, 프라우나, 까사렐 등 백자 제품 위주이며, 연희동의 특판 매장은 그보다 저렴하고 다양한 라인을 취급한다. 또 두 곳 모두 핸드페인팅 아틀리에를 운영하고 있어 초벌구이한 백자 위에 그림을 그려 넣는 체험을 해볼 수 있다. 공장 아울렛은 청주시 흥덕구 송정동에 위치.

남대문 그릇도매상가

다양하기로는 최고라 할 수 있는 곳. 도자기는 물론 유리, 목기, 뚝배기, 제기 등 온갖 용도의 그릇들을 구할 수 있다. 시장 규모가 워낙 커서 한국에서 만들어진 거의 모든 도자기 제품을 볼 수 있다. 도매상가인 만큼 대량 구매를 할 때 유리한데, 그래서 혼수나 식당 개업을 준비하는 이들이 많이 찾는다. 공장과 직접 연결, 원하는 디자인의 그릇을 제작할 수도 있다.

믹스 앤드 매치로 새롭게 만나는
한식 상차림

그릇을 사다 보면 생김새와 국적이 제각기 다른 것들이 섞이게 마련이다. 그럴 땐 통일감을 살려주는 것이 중요하다. 굳이 한국 전통식기가 아니라도 얼마든지 근사한 한식 상차림을 연출할 수 있으니, 찬장 속 그릇을 꺼내 두루 사용해보자.

푸른 빛을 활용하자

전통자기가 만들어지는 가마에서 살아남는 색은 파랑과 검붉은 색뿐이다. 안료 중 코발트와 철만이 가장 높은 온도를 견디기 때문. 특히 청화백자는 전통자기의 느낌을 진하게 뿜어낸다. '청화'와 비슷한 색감의 그릇을 잘 골라 상에 올리면, 유럽산이건 중국산이건 튀지 않고 하나처럼 어울린다. 한식기 중에서도 특히 백자는 푸른색의 일본 그릇과 잘 어우러진다.

오래된 그릇은
통일감 있게

오래전에 혼수로 구비한 그릇 세트는 시간이 흐르면 빛 바랜 느낌이 든다. 끼리끼
리만 모아놓으면 괜스레 더 촌스러워 보인다. 그런 그릇을 다시금 활용해보고 싶다
면 같은 색감을 가진 생활자기, 테이블 클로스, 러너 등 식탁 위 컬러의 톤을 맞춰
보자. 옛 영화의 한 장면 같은 추억을 되살리기에 그만이다.

같은 백자라도 가마를 때는 방식에 따라 미묘하게 색감이 달라진다. 환원소성 방식으로 제작한 백자는 푸르스름한 백색, 산화소성 방식으로 만든 백자는 노르스름한 백색을 띤다. 바탕이 되는 백자군은 같은 톤으로 구성하되, 푸르스름한 환원소성 백자에는 청자나 흑유자기를, 노르스름한 산화소성 백자에는 붉은 색감을 띠는 진사자기를 함께 배치하면 근사한 식탁이 완성된다.

환원소성: 초벌구이한 도자기에 유약을 발라 재벌구이를 할 때, 가마 안으로 들어가는 산소를 제한하는 방식을 말한다. 산소가 부족해 도자기 표면에 바른 유약 속 광물에서 산소가 빠져나오면서 색의 변화가 일어난다. 청자나 진사자기를 구울 때 많이 사용하는 방식이며, 환원소성으로 구운 백자는 푸르스름한 빛을 띤다.

산화소성: 가마 안에 산소를 충분히 공급해 도자기의 기초가 되는 흙이나 유약의 광물을 산화시키는 방법이다. 산화소성으로 구운 백자는 노르스름한 빛을 띤다.

소반 위
운치 있는
일품식

가끔 식탁이 너무 광활하게 느껴질 때가 있다. '저 넓은 식탁을 어떻게 채우나' 하는 푸념이 절로 나온다. 그런 날 소반을 쓰면 면적이 비약적으로 줄어 찬을 많이 내지 않아도 푸짐한 느낌이 든다. 비빔밥이나 카레 같은 일품식을 낼 때도 좋지만, 급히 술상이나 다과상을 차릴 때 유용하다.

요리하는 남자의 화사한 그릇

전 민 철

의류업체 대표

■

그가 프랑스에서 태어났다면 어땠을까. 전민철과 이야기를 나누다 보니 머릿속에서 18세기 프랑스의 법관이자 미식가였던 장 앙텔므 브리야 사바랭이 쓴 『미식예찬』의 책장이 팔락팔락 넘어가는 듯했다. "무엇을 먹었는지 말해주면 당신이 어떤 사람인지 알려주겠다"라는 유명한 말을 했던 브리야 사바랭이 전민철을 만났다면 괴연 어떤 사람이라 말했을까.

의류업체를 운영 중인 전민철은 본업보다 취미인 요리에 푹 빠져 있다. 세상의 모든 맛을 경험하려는 기세로 온갖 맛있는 음식들을 찾아다니는데, 한 번 갔던 음식점엔 다시 가는 일이 거의 없으며, 수입의 절반 이상을 먹는 데 투자한다. 그에게 뷔페는 놀이동산이고, 신선한 식재료로 만든 참신한 요리는 지극한 쾌락이다.

"어렸을 때 집안 사정이 굉장히 어려웠어요. 항상 먹는 것에 목말라 있었죠. 아마 그래서 음식, 특히 맛있는 것에 집착이 생긴 것 같아요."

식도락과 요리는 '닭이 먼저냐, 달걀이 먼저냐'처럼 답도, 인과도 없는 명제다. 언제나 맛있는 것만 생각했던 소년이 자라 맛있는 음식들을 찾아다니다 요리에 관심을 갖게 된 것은 어쩌면 당연한 일. 요리 실력 역시 보통 남자 수준은 한참 전에 뛰어넘었다. 어디에서도 본 적 없는 요리들을

스톤웨어는 13세기 무렵 독일의 도기 기술이 영국으로 전파되면서 등장했다. 묵직하고 두툼한 도기인 스톤웨어는 빠르게 미국 등지로 널리 퍼졌으나, 유럽이 그토록 열망했던 '자기Porcelain'까지는 이르지 못했다(가볍고 매끄러운 질감의 경질자기는 섭씨 1200~1500도에서 구워지는데, 스톤웨어는 섭씨 1200도 이하에서 구워진다). 스톤웨어는 특유의 두께와 내열성 덕분에 서민적이고 대중적인 식기로 오랜 세월 사랑받았다. 서구 영화나 드라마를 보면 묵직한 스톤웨어 파이팬에 음식을 담아 옆집 파티에 가는 장면이 종종 등장하곤 한다.

내놓는 그는 요리책도, TV 화면을 장악한 수많은 요리 프로그램도 거의 보지 않는다.

"다른 사람이 요리하는 모습을 멍하니 바라보는 것보다 직접 하는 게 훨씬 즐거워요."

그의 말을 들으니 또 브리야 사바랭의 말이 떠오른다.

"새로운 요리의 발견은 인류의 행복에 새로운 천체의 발견보다 더 크게 기여한다."

아직 '전민철의 레시피'가 제대로 정리된 자료는 없으니 인류의 행복까지야 모르겠지만, 최소한 그와 가까운 사람들이 그의 요리로 더 행복해졌다는 것만은 확실하다.

색색의 스톤웨어와 직접 만든 도자기로 채운 찬장

전민철의 찬장은 그의 요리만큼이나 화려하다. 컬러풀한 식기 세트가 하얀 찬장 안에서 저마다 빛을 발하고 있는 가운데, 직접 만든 자기들도 곳곳에 숨어 있다. 혼자 사는 젊은 남자의 찬장치고 가짓수도 많고 구성도 독특하다. 4인용 식탁은 너끈히 차릴 수 있는 식기를 갖추고 있다니, 살짝 놀랍기도 하다.

그의 찬장을 채우고 있는 색색의 그릇들은 대부분 국내 리빙 브랜드 '까사미아'의 온라인·홈쇼핑 전용 브랜드 '까사온'의 스톤웨어다. 그가 구입한 스톤웨어 세트는 홈쇼핑에 등장하자마자 2천 세트가 넘게 팔린 베스트

셀러라는데, 세련되고 화사한 색감, 군더더기 없는 디자인, 합리적인 가격이 매력이다.

스톤웨어의 가장 큰 장점은 역시 내열성과 내구성이다. 오븐이나 전자레인지는 물론, 제품에 따라 가스레인지 위에 바로 올려 사용할 수도 있다. 스톤웨어의 내열성은 보온성으로도 이어져 식사를 마칠 때까지 음식의 온기를 유지해준다. 차가운 음식을 끝까지 시원하게 먹고 싶다면 스톤웨어를 냉동실에 일정 시간 넣었다가 꺼내 사용해도 좋다. 한여름에 스톤웨어에 냉면을 담아 내놓으면 젓가락을 놓을 때까지 시원하게 먹을 수 있을 뿐더러 식탁의 분위기도 생생하게 살려준다.

스톤웨어는 베이킹에도 무척 유용한데, 열을 고르게 유지해 빵이 겉은 타고 속은 안 익는 실패를 피할 수 있다. 외국의 요리 블로거들이 "완벽한 크러스트를 만들어준다"며 스톤웨어 찬가를 부르는 것은 다 그만한 이유가 있기 때문이다. 또 스톤웨어 표면에 오일을 약간 바르기만 해도 재료가 들러붙지 않아 굳이 유산지를 사용하지 않아도 된다. 전민철처럼 요리를 즐기는 사람들에게 스톤웨어는 유용하고 보기에도 좋은 그릇이자 요리 도구인 셈이다.

컬러풀한 그릇 활용법

그의 요리를 보면 그가 왜 컬러풀한 스톤웨어에 마음을 뺏겼는지 쉽게 알아차릴 수 있다. 그의 손끝에서 만들어지는 음식은 색감과 향이 강한데

식기 선택도 자연스럽게 취향이 안내해준 길을 따라간 셈이다. 요리 스타일과 상관없이 컬러웨어는 주방을 생동감 있게 만들어줘 많은 이들이 탐내는 아이템이다.

컬러웨어를 살 때는 그릇 전체가 단일한 색인 것보다는 겉은 알록달록하되 안쪽은 흰색인 것이 활용도가 더 높다는 것을 잊지 말자. 겉면의 색감은 식탁에 생기를 불어넣고, 안쪽의 흰 바탕은 어떤 음식을 담아도 무난하게 어울리기 때문이다. 안과 겉 모두 컬러풀한 스톤웨어를 가지고 있다면 하얀색 그릇과 함께 사용하는 것도 좋은 방법이다. 채도가 높은 것과 낮은 것을 고루 구비해 같이 쓰는 것도 색다른 효과를 자아낸다.

스톤웨어와 생활자기가 섞여 있는 전민철의 찬장에서 힌트를 얻는 것도 좋겠다. 생활자기의 주조색과 연결된 색, 즉 파란색 청화안료가 들어간 자기와 파란색 스톤웨어를, 완두콩색 자기와 짙은 연두색 스톤웨어를 섞어 배치하는 식이다. 의외의 조합이 식탁에 신선한 활기를 더해줄 것이다.

빨강, 주황, 파랑의 그릇 사이로 과묵하게 느껴지는 자기들은 모두 그가 직접 만든 것이다. 요리하는 사람들은 대부분 자기 손으로 직접 그릇을 만들어보고 싶다는 열망을 갖고 있다. 전민철 역시 지금은 의류업체를 운영하지만 마흔다섯 즈음이 되면 음식점을 열 계획이라 도예를 배우고 있다.

"직접 만든 커다란 독에서 손수 담근 장을 퍼 요리를 하고, 내 손으로 빚은 그릇에 음식을 내놓는 게 꿈이에요."

쓰임새 많은 스톤웨어처럼 다재다능한 전민철은 도예 외에도 단편영화 연출도 하고, 가죽 액세서리 브랜드를 런칭하는 등 바쁘기 그지없다. 그래

서일까, 그가 차분하게 장을 담그고 음식을 만드는 모습은 상상하기 어렵다. 어쩌면 그건 그의 이상향일지도 모르겠다. 정신없는 삼십대 도시생활자가 꾸는 꿈. 그래도 그의 찬장 속 그릇, 집안 구석구석 놓인 도자기를 보면 마냥 꿈같은 이야기만은 아닐 거라는 생각을 하게 된다. 언제일지는 몰라도 일상과 이상이 손을 잡을 수 있는 때가 오면 그의 꿈도 자연스럽게 이루어지지 않을까?

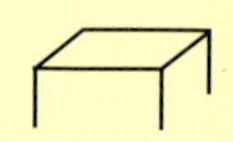

식탁은 컬러풀, 일상은 원더풀!

스톤웨어 하면 역시 화려한 색감이 가장 먼저 떠오른다.
색색의 그릇이 만들어내는 다섯 가지 풍경을 만나보자.

색의 균형을 맞춰 식탁을 정돈하자

컬러풀한 스톤웨어는 그 자체로 시선을 끈다. 반면 너무 튀는 색들만 잔뜩 늘어놓거나, 온통 솔리드 타입만 배치하면 촌스러워 보이기 십상이다. 색감의 균형을 맞추되, 은은한 그라데이션의 스톤웨어나 낮은 채도의 그릇을 함께 배치하면 경쾌하면서도 정돈된 식탁을 연출할 수 있다.

여 름 엔
푸 른 색 과
흰 색 으 로
청 량 하 게

여름엔 대부분의 에너지를 더위와 싸우는 데 쓰게 된다. 몸도 마음도, 그리고 눈도 시원해지길 열망하는 계절. 이럴 때 온통 파랗게 물든 그릇만 내놓으면 오히려 지루할 수 있디. 푸른색과 흰색을 함께 식탁에 올리면 한층 더 청량한 느낌이 난다. 청화백자, 하늘색 그릇 등과 섞어도 멋스럽고, 특히 시원하고 깨끗한 인상을 주는 유리 그릇을 함께 놓으면 한순간이나마 더위가 물러갈 것이다.

색감은 부담스럽지만 묵직한 실용성에 마음이 끌린다면 채
도가 낮은 스톤웨어를 골라보자. 넉넉한 크기의 스톤웨어 티
포트는 갑자기 싸늘해진 날씨에도 오랫동안 따뜻한 차를 내
줄 것이다. 파스텔톤이나 저채도의 그릇은 진사자기, 철화자
기, 청자 등 한국 전통자기의 색감과 잘 어울려 두루두루 사
용할 수 있다.

HÖGANÄS
KERAMIK
1½ L

크리스마스엔
역시 빨강

크리스마스엔 역시 빨강이다. 채도와 명도를 한껏 높인 순수
한 빨강은 말간 얼굴을 생기 있게 바꿔주는 빨간 립스틱처럼
식탁에 활기를 불어넣는다.

형형색색 즐거운 부엌

부엌은 집에서 가장 중요한 공간이다. 요리는 이제 주부의 노동이 아니라 가족 전체가 즐기는 일로 변하고 있다. 새로운 성소, 주방을 밝고 화사하게 꾸며보자. 형형색색 알록달록한 조리도구들을 들인다 한들, 한껏 부풀어 오른 그 마음을 감히 타박할 이는 없을 것이다.

모던백자,
담백의 미학

서 정 경

데코레이터, 골든 매뉴얼 대표

■

‘산꼭대기 집’이라 불리는 서정경의 집에 들어섰을 때, 우리는 감탄을 연발했다. 과연 공간을 다루는 사람은 남다르구나 수선을 떨며 둘러본 그녀의 집은 산꼭대기에 소복소복 쌓인 눈처럼 단정했다. 늦은 오후의 햇볕처럼 따사로운 실내조명과 아직 남아 있던 한 줌의 태양광이 합쳐지며 자아낸 푸르스름한 빛이 묘했다. 부엌 한쪽에는 모카포트가 장난감 병정처럼 도열해 있고, 조리기구들은 조롱조롱 벽에 매달려 있었다. 풍경의 조각들을 조화롭게 감싸주는 것은 백색의 면이었다.

“제가 만드는 공간은 좀 단순해요. 저희 집은 벽도 바닥도 흰색인 대신 타일이나 바닥재 등 소재를 달리해 변화를 주고 있죠.”

그녀의 공간은 휙 둘러보는 대신 찬찬한 눈길로 조금씩 ‘솜솜’ 뜯어보아야 진가를 알 수 있다는 이야기다.

고요한 그릇들의 섬

서정경이 집에서 가장 좋아하는 공간은 부엌의 아일랜드다. 거실과 부엌을 분리시키는 동시에, 작업 동선을 편하게 만들어주는 이 아일랜드는 주문 제작한 것으로, 그녀가 갖고 있는 접시 중 가장 큰 것의 지름에 그 폭

을 맞추었다. 딱 필요한 사이즈로 정확히 제작해 날렵하면서 자주 쓰는 살림살이들을 충분히 수납할 수 있다.

고요한 섬 같은 그녀의 아일랜드에서 그릇을 잔뜩 꺼내 왁자하게 구경했다. 사실 우리가 그렇게 부산스러웠던 것 같지는 않지만, 차분한 그녀의 공간에서는 작은 동작도 삼바를 추는 것처럼 크고 소란스럽게 느껴졌다. 아무튼 그렇게 아일랜드 밖으로 나온 접시들은 크기, 색감, 모양 모두 제각기 다르면서도 비슷하게 담백했다.

1 없는 솜씨를 발휘해서라도 정물화를 그리고 싶은 거실 풍경.
2 모카포트와 액자, 화병이 조화롭게 제자리를 지키고 있는 선반. 넓지 않은 그녀의 부엌을 넓어 보이게 하는 것은 바로 이런 여유로움에 있다.
3 흑과 백의 모던한 머그들이 나무 선반 위에서 쓰임을 기다리는 중이다.

"그릇은 마음에 드는 걸 발견하면 한두 개씩 사요. 예전엔 디자인이 독특한 것도 샀는데, 막상 음식을 담아보면 요리도 그릇도 매력이 떨어지더라고요. 언젠가부터 음식을 담으면 예쁠 것 같은 그릇을 찾기 시작했어요. 어떤 걸 담아도 예쁜 그릇이요."

그래서인지 서정경의 그릇 중엔 북유럽 스타일을 떠올리게 하는 것이 많았는데, 실제로 북유럽 브랜드는 그리 많지 않다고 한다. 그저 마음에 드는 것을 하나둘 모아놓았을 뿐인데 그런 분위기를 자아내는 것뿐. 남편은 파스타를 잘하고, 그녀는 한식을 좋아해 양식과 한식 모두 잘 어울리는 그릇을 찾기 쉽지 않았을 텐데 그녀가 그릇을 고를 때 무엇을 눈여겨보는지 궁금해졌다. 그녀의 대답은 간단했다. 음식을 돋보이게 하는지, 이미 갖고 있는 그릇들과 잘 어울리는지가 기준이 되는데 가능하면 이 두 원칙을 꼭 지키려 애쓴다는 것이다.

"특별히 그릇을 사러 가는 곳은 없어요. 다니다 눈에 띄는 것, 마음에 들어오는 것을 사죠. 출장이나 여행 가서 조금씩 사기도 하고, 남편도 출장 갔다 오면서 머그를 하나씩 사와요."

반 고흐의 그림 속 아몬드 나무를 닮은 그림이 그려진 양은 재질의 커다란 접시도 출장길에 로산나 올란디 숍에 갔을 때 구입한 것이다. 해외 여행지에서 그릇을 살 때는 이렇게 깨지지 않고 가벼운 소재가 적당하다.

"국내 브랜드 중엔 '우일요'를 정말 좋아해요. 우일요에서 만드는 큼직한 스툴이나 기물器物을 좋아하는데, 집이 넓지 않고 주머니도 얇아 정말 마음에 드는 것만 엄선해 조금씩 모으고 있어요. 그릇 외에도 큰 기물의

미니어처 버전을 사기도 해요."

모던하고 독특한 빈티지 가구들로 가득한 'aA뮤지엄'에서 일했고, 프리츠 한센을 좋아한다는 사람이 우일요를 모으다니, 어쩐지 의외였다. 볼드한 패턴의 마리메코, 우아한 호가나스, 마이센 같은 유럽 브랜드를 좋아할 것 같았는데 말이다.

우일요는 도예가 김익영의 작품을 판매하는 브랜드로, 전통백자를 현대적으로 해석해 세련된 백자를 선보이는 것으로 잘 알려져 있다.

"엄마가 우일요 그릇을 굉장히 좋아하셨어요. 언젠가는 세트를 들이셨는데, 어린 마음에도 '아, 세트로 사는 건 좀 아니구나' 하는 생각을 했었죠. 그래서 전 징밀 마음에 드는 그릇을 만날 때까지 기다리면서 천천히 사고 있어요."

어머니의 영향인지 서정경은 대학에서 도예를 전공했고, 그러면서 더더욱 백자를 편애하게 됐다. 백자 특유의 정갈함, 언제 어디서나 바탕이 되는 하얀 속성에 마음을 빼앗긴 것이다. 처음 그녀를 만났을 때 담담한 수묵화처럼 차분한 사람이라는 인상을 받았는데, 이야기를 나누다 보니 백자를 닮은 사람이라는 생각이 들었다.

깎은 감 같은 자연스러움에 반하다

세상에 하얀 도자기, 백자는 많고 많다. 그녀는 그중 어째서 우일요에 특별히 마음을 주게 된 것일까? 서정경을 만난 후 김익영 작가의 작품을 살펴본 다음에야 어렴풋이 그 이유를 알 수 있었다.

1975년 설립된 우일요는 40년 동안 꾸준히 그 명맥을 이어왔다. 이는 우일요의 기둥, 김익영 작가의 끊임없는 작업 덕분이다. 작은 화병이나 합 같은 소품부터 커다란 바위를 떠올리게 하는 대형 작업, 상도동 성당의 타일까지 작품세계의 폭과 깊이가 어마어마하다. 김익영 작가가 창조한 사물의 질감과 형태의 다양성은 하나의 세계를 만들어내기에 충분할 정도다. 미끈한 질감의 고풍스러운 백자가 있는가 하면, 세밀하게 두드리고 깎아 만든 작품은 평론가들의 말처럼 '깎은 감' 같은 표면에 저절로 손이 간다. 노르스름한 의반°은 표면의 작은 점들과 더불어 '하얀 배'를 보는 듯하고, 무심하게 툭툭 면치기를 해 조각인가 싶은 기물이 있는가 하면 빗살무늬토기를 연상케 하는 작업도, 고운 밀가루로 칠해놓은 듯 말간 표면의 합도 있다. 눈으로만 더듬어본 질감조차 이토록 선명한데다 또한 아무리 각을 잡고 날을 세워도 날카롭게 느껴지지 않을 정도로 작품의 성정이 유순하고 느긋하다.

김익영 작가는 흥미롭게도 서울대학교에서 화학공학을 공부하다 도예의 길에 들어섰다. 그는 미국의 알프레드 요업대학교에서 유학하던 중 우연히 저명한 도예가 버나드 리치_{Bernard Leach}의 세미나를 듣고 우리 전통자기에 눈을 떴다고 한다. 리치가 현대 도예가 지향해야 하는 목표로 '조선

○ **의반**: 1989년 현대화랑 초대전에서 도예가 김익영의 오브제 연작으로 소개된 작업이다. 주로 목기나 유기로 만들어지는 제기를 도자기로 재현한 작업으로, 전통을 현대적인 감각으로 탁월하게 재해석하는 김익영 작가의 작품세계가 잘 드러난다.

시대 도자와 그 미의 세계'를 지목했기 때문이다. 그 말을 들으면서 전율
과 흥분을 느낀 김익영 작가는 한국에 돌아와 국립박물관에서 일하며 조
선의 자기에 대한 심미안을 키웠다. 신기한 것은 그의 작업이나 우일요의
제품에 담뿍 배어 있는, 고풍스럽되 고루하지 않은 현대적 감각이다. '공
예'가 아니라 '공학'의 시선으로 도자기에 접근했기 때문일까? 모르긴 해
도 새로운 시각으로 고민을 반복하고 숱하게 도자기를 빚어왔기에 얻은
결실이리라. 전통자기의 풍모를 잃지 않으면서도 지극히 모던한 질감과
형태, 서정경도 아마 우일요의 그런 면에 끌린 것은 아닐까 싶다.

백중백, 백색의 변주

　미루어 짐작컨대 흰 벽에 흰 타일을 기가 막히게 잘 매치하는 서정경의
안목이라면, 분명 우일요의 다양한 백색을 가려 볼 줄 알 것이다. 세상에
는 수많은 흰색이 있다. 눈의 종류를 수십 가지로 구분하는 에스키모인처
럼 흰색을 주의 깊게 들여다보는 이들에게 '백白은 백白으로' 다가오는 법.
평론가 이건수는 김익영 작가의 백자에 대해 "그 빛깔 면에 있어서도 조선
초기의 회색빛, 중기의 유백색, 후기의 청색 계열의 흰빛을 적재적소에 맞
게 구사하면서 우리의 백색이 그냥 극단적인 백색이 아니라는 것을 증명
해주었다. 설백, 유백, 회백의 미묘한 아름다움이 단순성, 이지성, 고귀성
을 부여하며 빛난다"라고 했다.
　그러고 보니 그녀의 집 곳곳에서도 백과 백이 만나는 지점이 포착된다.

흰 벽에 걸린 백자 십자가, 하얀 문 앞에 붙은 도자기 명패가 고요히 제자리를 지키고 있다. 흰색이 만들어내는 미묘한 변주를 세심하게 포착하고, 절묘한 조화를 만들어내는 서정경의 감각은 우일요 백자를 편애하며 절로 자란 것일지도 모른다.

이야기를 나눌수록 그녀가 '자연스러운 것'에 관심이 많다는 것을 알 수 있었다. 그녀는 일본의 유명 스타일리스트 소냐 박이 만든 리빙 숍 'Arts & Science'(www.arts-science.com)를 무척 좋아하며, 스틸 상판에 나무 패널로 짠 아일랜드가 있는 넓은 부엌을 꿈꾼다. 사물과 사물이 서로 자연스럽게 어울리는 지점을 찾아낼 줄 아는 서정경, 언젠가 그녀가 열고 싶다는 리빙숍이 벌써 궁금해진다. 그곳에선 어디에서도 볼 수 없는, 담백하게 아름다운 물건을 만날 수 있을 것만 같아서. 그때는 우리에게도 '백중백'을 가려볼 줄 아는 눈이 생겼으면 좋겠다.

화보처럼 느껴지는 서정경의 식탁 위 일상

시대의 물음, 백자 차제구로 답하다

인 현 식

도예가, 도농도예 대표

■

도예가들 중에서도 백자를 다루는 이들은 그 까칠함이 이루 말할 수 없을
정도라는 이야기를 들었다. 백자의 태가 되는 고령토는 여인의 화장분 혹
은 아기의 살결처럼 고운 흙이지만, 그래서 토라지기 쉬운 여인처럼, 연
약한 아기처럼 조심조심 다루어야 한다. 그 성질이 예민하기 그지없어 백
자용 흙을 다루는 도예가들 태반이 삐죽하게 솟은 신경을 갖게 된다고들
한다. 그토록 어려운 흙을 빚어 찻잔과 주전자를 만들어내는 작가 인현식
을 만나러 가는 길은, 그래서 마냥 신나지만은 않았다. 하지만 도자공방
이 많은 이천의 국도를 굽이굽이 지나 찾아간 공방 앞마당에서 겅중겅중
뛰어다니는 하얀 개 한 마리와 함께 편안한 표정으로 맞아주는 인현식 작
가를 보자 안심이 됐다.

시골 촌놈 서울 구경하는 얼굴로 공방을 여기저기 기웃거리다 그가 만
든 찻잔으로 차를 한 모금 마시고 나니 걱정의 끈이 스르르 풀리는 듯했다.
그러다 우리는 방문의 목적인 '찬장 구경'을 깡그리 잊고 말았다. 사실 굳
이 그럴 필요가 없기는 했다. 살림은 그의 아내가 맡아서 하니 그만의 찬장
이 따로 있을 리 없고 대신 작품이 가지런히 놓인 선반, 구워지길 기다리며
줄지어 웅크린 찻잔들과 가마가 바로 그의 찬장인 셈이니까. 그곳에서 우

린 그가 들려주는 이야기를 한참 들었다.

백자 주전자, 그 난해한 세계 속으로

차나 다도에 대해 잘 알지 못해도, 보통 백자로 만든 차제구茶諸具가 드물다는 것은 알 것이다. '찻사발' 하면 으레 투박한 '막사발'을 떠올리게 마련인데, 인현식이 만드는 백자 다기는 그 자체로 새로운 세계라 할 만하다. 학부에서 요업디자인을 전공한 그는 졸업 후 차제구, 즉 다기를 만드는 공방에서 일하면서 이 세계에 빠져들었다.

그가 주력한 작업은 그 어렵다는 찻주전자였다. 찻주전자는 구성요소가 많아 만드는 과정이 매우 복잡하다. 돌출된 주둥이와 손잡이가 있고, 뚜껑도 필요하다. 당연하게 여겼던 이 요소들을 손으로 직접 만들어야 한다고 생각하면, 맙소사, 눈앞이 캄캄해진다. 주둥이와 손잡이를 보기 좋게 배치하고, 이음새가 떨어지지 않도록 꼼꼼하게 만든다고 끝이 아니다. 모든 기능을 완벽하게 수행하는 주전자를 완성하려면 고려해야 할 것이 많다. 손잡이가 몸통과 충분한 거리를 유지해 열기로부터 손을 제대로 보호하는지, 물을 따르기 위해 주전자를 기울일 때 뚜껑이 덜렁대거나 떨어지지 않는지, 주전자를 조금만 기울여도 물을 콸콸 토해내지 않도록 주둥이 위치는 충분히 높은지 등등. 인현식은 '다관'으로 불리는 찻주전자의 기능성을 이렇게 설명했다.

"흔히 삼수삼평이라고 합니다. 절수·출수·금수의 기능을 갖추는 것이

삼수, 물대 끝과 손잡이 뚜껑을 뺀 입구의 수평이 잘 맞아서 뒤집어놓았을 때 흔들거리지 않는 것이 삼평입니다.”

부연하자면 원하는 만큼만 물이 나오도록 잘 끊어주는 것이 ‘절수’, 주둥이에서 물이 막힘없이 시원하게 나오는 것이 ‘출수’, ‘금수’는 뚜껑이 입구(물을 붓는 이 부분을 ‘구연’이라고 부른다)에 잘 맞아 바람구멍을 막고 주전자를 기울여도 물이 밖으로 흘러나오지 않는 것을 의미한다. 도자기 주전자는 표면이 매끄러워 물의 응집이 수월하지 않아 이 모든 조건을 갖추기란 보통 어려운 일이 아니다. 심지어 까다롭고 곤란한 재료, 백자로 이런 주전자를 만든다는 것은 기량이 웬만큼 뛰어나지 않고서야 불가능한 일이다.

“처음엔 주전자만 만들었는데 세트를 원하는 경우가 많아 찻잔도 하게 됐어요. 계속 차제구 작업을 하고 또 고민하다 보니 차를 즐기는 데 필요한 찻통이나 접시 같은 것도 만들게 된 거죠.”

그의 그릇들은 ‘다과’에 적합하게 만들어졌지만 찻통은 양념통으로, 접시는 원래 기능 그대로, 합은 국물 있는 반찬 그릇으로 얼마든지 활용이 가능하다. 어차피 그릇은 사용하는 사람의 의도에 따라 쓰임이 결정되는 것이니 이런들 저런들 어떠랴. 멋대로 굴러가는 생각을 읽었는지, 그가 미소를 띠며 “앞으로 식기에도 관심을 가져보려고 한다”는 고마운 한마디를 더해주었다.

인현식 작가는 요즘 작업에서 요소를 덜어내는 연습을 하는 중이다. 선으로 면을 꽉 채우는 대신
적당한 선에서 멈추고, 더 나아가고 싶은 마음을 참아본다. 그 절제가 오히려 현대적인 느낌을 준
다는 것을 잘 알기 때문이다.

참외 무늬 간편 다기 세트와 참외 무늬 간편 은잔 세트. 백자라는 흰 바탕 위에 있어서인지, 그의
작업은 굉장히 현대적이다. 하지만 곰곰이 뜯어보면, 전통적인 요소를 정직하게 적용했음을 알
수 있다. 가령, 이 다기에 새겨진 참외무늬는 아주 오래되고 전통적인 무늬인데, 신기하게도 그의
손길이 닿으니 새로워 보인다.

바쁜 당신에게 차를 권함

사실 백자는 '으스대는 다도의 세계'에서는 좀처럼 인정해주지 않는 소재다. '백자처럼 차와 사발이 따로 놀아서는 안 된다'는 말을 하는 이들도 있다. 인현식 역시 백자로 차제구 작업을 하면서 '과연 이런 색의 다기를 사람들이 좋아할까?' 하는 의구심을 품었다. 하지만 꾸준히 작업을 계속하면서 그의 작업을 지지하는 이들도 많아졌고, 큰 상도 여러 번 수상하면서 예술성과 실용성을 인정받았다. 덕분에 백자 차제구에 대해 확고한 의지를 갖게 됐다. 다도에는 문외한인 나 같은 사람에겐 오히려 어떤 차를 마시더라도 물빛을 왜곡 없이 반영하는 흰 종이 같은 백자가 한층 더 매력적이다.

언제나 바쁜 요즘 사람들에게 다도는 어렵다. 다소곳하게 앉아 물을 끓여 다관에 넣고 찻잎을 우린 후 사발에 그 물을 버리고 또 한 번 차를 우리는 등 긴 과정을 거치는 전통다도는 부담스럽다. 우리에게 필요한 것은 일상에서 편안하게 즐기는 잠깐의 티타임인데, 다도는 과정도 복잡하고 필요한 도구들도 너무 많다.

"바쁜 일상 속에서 간편하게 차를 마실 수 있도록 돕는 동시에 해학적인 재미도 더하고 싶어 일인용 다구를 만들기 시작했어요. 찻잎이 다관에 들어가면 차가 우러나는 모습을 볼 수가 없거든요. 그게 싫어서 일인용 다구는 찻잎이 움직이는 걸 볼 수 있도록 만들었죠."

그가 만든 개인용 다기 중 단연 눈에 띄는 것은 구름 위로 무지개가 뜬 듯한 선이 일품인 일인용 차 거름망이다. 스트레이너라고 부르기엔 다분

차 거름망 세트, 구름 위 무지개 같은 귀여운 차 거름망이다. 손잡이를 도지기와 은, 두 종류로 만들었다.

히 동양적인 느낌의 이 도구는 찻잎이 담겨 뜨거운 물속에 들어가는 몸통 부분은 도자기, 손잡이는 은으로 만들었다(손잡이까지 자기인 것도 있다). 이 차 거름망과 잘 어울리는, 손잡이에 은칠을 한 머그까지 갖추면 나홀로 티타임을 위한 호사가 되지 않을까 한다.

백자와 어울리는 새로운 소재를 찾아

참신하고 아름다운 일인용 다구도 좋지만, 인현식의 손길은 다관과 찻잔은 물론 식힘사발, 차통, 다식 그릇이며 탕관까지 다종다양한 차제구에 닿아 있다. 그의 작품으로만 열 가지도 넘는 차제구를 풀세트로 구입할 수 있을 정도니 말이다. 그의 차제구에선 참외무늬, 연꽃무늬, 배꽃 등 전통적 모티프를 종종 볼 수 있는데, 신기하게도 무척 모던해 보인다.

모던함과 더불어 눈에 띄는 특징은 자기 외에도 다양한 소재를 사용한다는 점이다. 투박한 담금질이 백자와 대조적인 손잡이, 뚜껑 위에 사뿐히 얹힌 배꽃은 모두 도자기가 아닌 금속 재질이다. 인현식은 백자와 유리, 나무, 금속 등 여러 소재를 접목시켜 도자기의 단점을 보완하는 작업을 꾸준히 하고 있다. 처음에는 각 분야 공예가들과 협업을 하기도 했지만, 곧 한계를 느끼고 직접 배웠다. 금속 손잡이를 떠올린 것은 보관할 때 손잡이를 눕힐 수 있는 주전자를 만들기 위해서였다. 결국 수없는 망치질의 결과로 한결 유연한 감각의 주전자를 완성할 수 있었다.

은칠 작업도 다기의 실용성을 높이고 싶다는 바람에서 시작했다. 색감

만 보아도 은과 백자는 썩 잘 어울린다. 은은 살균 효과가 있고, 은이온이 활성화되면 녹차의 떫은맛을 순하게 만들어주기도 하니 시각적으로나 위생적으로나 두루 좋다. 그는 찻잔, 찻사발에 얇게 은칠을 해 굽는데, 균일하게 은칠이 된 그의 작품을 곰곰이 보던 윤경은 그의 기술이 매우 탁월하고, 고민과 노력이 묵직하게 느껴진다고 했다. 끝없이 감탄하던 우리에게 그는 마지막으로 이런 말을 했다.

"제 작업에 요소가 너무 많다는 반응도 있어요. 무늬며 꽃도 있고 소재도 여러 가지가 섞여 있죠. 조금 비우라는 조언을 많이 들어서 차차 비워내는 방향으로 작업하려고 해요."

농사를 짓듯 도자기를 만든다는 의미를 담아 지은 '도농'이라는 이름처럼, 묵묵히 비움을 실천하다 보면 언젠가 나무가 열매를 맺듯 자연스럽게 태어나는 도자기를 만날 수 있을 것 같다. 그저 비움으로 절정에 올라선 이후에도 그가 수더분한 백자 작가로 남아주길 바랄 뿐이다.

백자,
희디흰 하이테크놀로지

우리는 '도자기' 하면 으레 '고려는 청자, 조선은 백자'라는 해묵은 공식을 떠올린다. 그 틀에서 벗어나 한때 도자기가 세계 경제를 뒤흔들었던 시절을 돌이켜보면 어떨까? 그중에서도 백자 이야기는 특히 흥미진진하다.

16세기 이전, 자기를 만들 수 있는 나라는 중국과 조선뿐이었다. 4~500년 전 백자 제조 기술은 그야말로 '톱 시크리트'였던 것. 카올린, 즉 고령토를 발견해 독보적인 자기 기술을 보유했던 중국은 원나라 시절 획기적인 발전을 이루었다. 손으로 퉁기면 청아하게 울리는 반투명 자기를 처음으로 만들었고, 푸른빛의 장식이 들어간 청화백자도 제작했다. 중국은 9세기 이전부터 동남아시아와 중동에 도자기를 수출했으며, 이것이 페르시아를 거쳐 유럽으로 전해지면서 중국 도자기 붐이 일었다. 자기 기술이 없었던 유럽은 중국의 도자기에 찬탄했고, '차이나'라 불렸던 중국의 도자기는 어마어마한 가격으로 거래됐다. 도자기의 무게를 달아 같은 무게의 금으로 값을 치르기도 했고, 도자기 한 점과 집 한 채를 맞바꾸기도 했다.

동아시아 3국 중 유일하게 16세기까지 자기 기술을 확보하지 못했던 일본은 은, 구리, 유황 등으로 만든 공예품을 수출했는데, 포르투갈이나 네덜란드 상관을 통해 도자기가 얼마나 비싼 값으로 거래되는지 잘 알고 있었다. 일본 역시 고부가가치 상품인 도자기를 수출하기를 바랐지만, 그들에게는 기술이 없었다. 곧 도요토미 히데요시에 의해 통일시대를 맞이한 일본은 조선을 침략한다. 이 시기에 조선의 도공이나 재주 있는 여성들을 강제로 끌고 갔고, 이를 통해 매우 폭력적인 방식으로 기술 이전이 이루어진다. 일본에서 '도조'로 추앙받는 이삼평 역시 정

유재란 때 납치된 조선의 도공으로, 사가 현 아리타에서 도요를 열어 도자기 기술을 전했다. 17세기 중국에서 전쟁이 발발하면서 일본은 도자기를 수출할 절호의 기회를 맞이한다. 일본에는 이미 네덜란드의 동인도회사가 진출해 있었기 때문에, 두 나라는 손을 잡고 부족한 도자기 물량을 대며 상당한 부를 축적했다. 더불어 일본은 유럽인에게 자기 기술을 가진 '문화민족'이라는 이미지를 심을 수 있었다. 이후 일본 상품이나 문화에 대한 서구의 호의적인 시선은 여기에서 유래한 것이다.

한편, 유럽 도자기 기술의 성공은 17세기에 이르러서야 찾아왔다. 폴란드의 왕이자 작센의 선제후였던 아우구스투스가 화학자와 연금술사를 다그쳐 독일 마이센 가마에서 최초로 자기를 구워내는 데 성공한 것. 아우구스투스의 자기 욕심은 꽤 유명하다. 프러시아의 프리드리히 빌헬름 1세로부터 중국의 대형 청화화병 151개를 받는 조건으로 자신의 병사 600명을 넘긴 일화가 있을 정도다. 아우구스투스는 열렬한 자기 수집가이기도 했지만, 그가 그토록 자기 기술에 집착한 이유는 군자금을 댈 수 있는 자본이 필요했기 때문이다. 하지만 안타깝게도 그

는 자기로 큰돈을 벌어들이진 못했다. 불과 10여 년 후 그의 도요였던 마이센의 직원이 베네치아, 피렌체, 코펜하겐, 상트페테르부르크 등지로 옮겨 다니며 기술을 팔았기 때문이다.

유럽에서 자기 기술은 더 이상 비밀이 아니게 됐지만, 여전히 고부가가치 사업이기는 했다. 왕가에서는 대부분 도자기가 군주의 영광과 권위에 필요한 부속물이라 여기고 '로열'이라 이름 붙인 도요, 즉 왕가이 허가를 받거나 직접 설립한 도자기 공장을 운영했다. 19세기 산업혁명 덕분에 귀족이 아닌 사람들도 자기를 사용할 수 있게 됐지만, 그 전까지 자기는 상류층만 누릴 수 있었던 부의 상징이었다. 당시의 자기는 '가치'라는 면에서는 현대의 명품과도 같았고, 함부로 접근할 수 없었던 하이테크놀로지라는 면에서 독보적 위치를 지니고 있었다. 중국의 자기가 유입된 이후로도 약 500년간이나 자기는 신분을 표상하는 욕망의 대상이었고, 전쟁을 불사하면서도 확보해야만 했던 고도의 기술이었다.

자기를 언제나 사용할 수 있는 현재의 우리는 옛 왕이나 귀족에 버금가는 대접을 받는 것이라 해야 할까.

흑과 백,
이보다 더 좋을 수 없다

패션, 그래픽, 예술 등 여러 분야에서 모던함의 대명사 역할을 하는 흑과 백은 테이블 스타일링에서도 빛을 발한다. 하지만 자칫 지루하거나 진부하게 느껴질 수도 있다. 이를 피해 세련되게 스타일링하기 위한 다섯 가지 팁을 제안한다.

선을
살리는
레이어링

최근 제작되는 생활자기를 보면 선이 매끄럽게 떨어지지 않고 불규칙한 것이 심심치 않게 있다. 이처럼 비대칭 또는 비정형적인 형태를 가진 그릇을 겹쳐 활용하면 조명에 따라 회화적인 느낌을 연출할 수 있다.

무게를
널어주는
소재를
더할 것

차가운 느낌의 백자, 묵직한 존재감이 일품인 흑유자기 혹은 검은색 도자기 사이에 크리스털이나 유리, 목기 등 다른 소재의 그릇을 섞어보자. 엄숙한 분위기를 한결 세련되고 가뿐하게 만들어줄 것이다. 단, 흑백 외의 소재는 포인트로만 사용해야 한다.

표 면 의
질 감 을
강 조 할   것

매끈한 표면의 백자 일색인 식탁은 무미건조한 얼음궁전처럼 느껴신다. 백자 위주로 테이블 세팅을 할 때에는 참외무늬, 연꽃무늬 등 표면에 무색 무늬가 있는 것을 고루 사용해보자. 유약의 농담濃淡, 조명의 밝기에 따라 표면의 패턴이 미묘하게 변하며 지루함을 덜어준다.

다양한 톤의 식기에는 통일감을 줄 것

같은 흙으로 빚어도 굽는 방식에 따라 그 결과물이 노르스름하기도 하고, 푸르스름한 냉기를 내뿜기도 한다. 그래서 톤이 다른 백자들을 한자리에 모을 때에는 통일감을 부여해야 한다. 테이블 클로스나 러너, 냅킨 등을 이용해 확실한 콘셉트를 잡아놓으면, 백자의 다양한 톤을 끌어안아주는 것은 물론 대량생산된 도자기들도 무리 없이 매치할 수 있다.

검 은 색 의
농 담 을
활 용 할 것

검은색은 세련된 느낌을 주지만, 지나치면 답답하다 검은
색 자기를 사용할 때는 먹의 농담을 이용해 원근을 표현하
는 동양화에서 힌트를 찾아보자. 다양한 농도의 검은색 자
기를 함께 세팅하는 것이다. 칠흑처럼 검은 흑유자기를 반
투명의 유리 그릇, 광택이 없는 자기 등과 함께 사용하면
된다.

홍차와
함께하는 시간

최 예 선

작가, 출판기획자

□

　나의 첫 홍차는 대학 시절 종로의 어느 티 하우스에서 짧게 스쳐갔다. 졸업 후 사회생활을 시작한 내 곁에는 늘 커피가 가득 담긴 커다란 머그가 있었고 커피를 벌컥벌컥 끝도 없이 마셔대며 키보드를 두드리는 게 일상이었다. 늘 원고 마감에 쫓기던 그 시절 내게 홍차는 아련하고 여유로운 이미지였다. 홍차 하면 고풍스러운 벽지를 배경으로 붉은 장미목 탁자 위에 티코지를 씌운 찻주전자, 아가씨의 치맛자락처럼 하늘하늘한 형태의 찻잔 위로 발그레한 홍차의 따뜻함이 모락모락 피어오르는 풍경이 떠올랐으니까.

　어쨌든 나는 마감에 쫓겨 초조하게 키보드를 두드리는 삶과 홍차는 어울리지 않는다고 여겼던 것 같다. 그래서 친한 선배로부터 최예선 작가에 관한 이야기를 듣고 약간 멍한 느낌이 들었다. '에디터로 활동하면서 홍차를 즐기고, 심지어 홍차에 관한 책까지 냈다고? 정말 홍차를 마시면서도 마감을 할 수 있다는 말인가?' 놀람은 곧 그녀에 대한 호기심으로 바뀌었고 언젠가 한 번 만나고 싶다는 바람으로 옮겨갔다. 어느 좋은 날, 우리는 연남동에 있는 최예선의 '달콤한 작업실'에 놀러가 홍차를 마시고 찻잔 구경을 하고 실컷 수다를 떨었다.

홍차와 그 친구들을 만나던 날

우리가 찾아간 날, 최예선은 사려 깊게도 수많은 찻잔들을 꺼내놓고 기다리고 있었다. 웨지우드, 로얄 코펜하겐의 찻잔과 커피잔, 파이어킹 빈티지잔, 북유럽의 대담한 프린트가 새겨진 컵과 시원한 맥주가 간절해지는 커다란 유리잔 등이 이어졌다. 한눈에 짐작하기 어려운 다종다기한 잔들을 보니 편애가 느껴지지 않는 자유로운 취향이 읽혔다.

먼저 웨지우드에 손이 갔다. 야생딸기와 꽃이 예쁘게 프린트된 와일드 스트로베리 라인은 정원 혹은 자연을 소재로 삼은 웨지우드의 고전 테마 중 하나다. 잔은 입구가 넓게 펼쳐진 '피오니Peony' 형태로 여성스러운 느낌이 물씬 풍기면서 향긋한 홍차에 아주 잘 어울린다. 반면 '바바라 배리 뮤지컬 체어Barbara Barry Musical chair' 라인은 소서와 찻잔의 테두리, 손잡이에 두른 검은색 라인과 실루엣으로 표현한 검은 의자가 담백하게 어울리며 세련된 느낌을 자아낸다. 잔의 형태는 굽이 높고 입구가 좁은 '리Leigh' 형태다. 유명 디자이너 바바라 배리와의 콜라보레이션으로 탄생한 바바라 배리 라인은 래디언스, 커튼콜, 박스우드, 엠브레이스, 펄스탠드 등 다양한 디자인을 선보였다. 그중에서도 네 종류의 의자 문양이 들어간 뮤지컬 체어 라인이 압권이다. 최예선이 갖고 있는 뮤지컬 체어 찻잔은 18번으로, 위엄이 느껴지는 넉넉한 품의 의자가 인상적이다. 뮤지컬 체어 라인은 이제 더 이상 생산되지 않아 그녀의 찻잔은 자연스럽게 빈티지 찻잔의 대열에 들어선 셈이다.

남편에게 선물 받았다는 로얄 코펜하겐의 커피잔은 더 부러웠다. 아내

BON
VOYAGE!
GRAND WEDDING TEA
CEYLON
NOEL
HAPPY QUEEN
N N'Y VOIT RIEN
Sophie Calle

BALFOUR · FRANCE
303
INDOO EARL GREY
KUSMI TEA
THE FINEST TEAS OF
TWG
1837
TEA
Second Flush
Darjeeling Tea
FTGFOP 1
Product of India
FRANCE

에게 좋은 찻잔을 선물하는 센스를 가진 남자는 그리 많지 않으니 말이다. 그녀의 로얄 코펜하겐은 모던한 '시그니처 라인'과 클래식한 '프린세스 라인'이다. 프랑스 유학 시절 빈티지 마켓, 벼룩시장에서 건졌다는 불투명한 옥색 찻잔과 파이어킹 빈티지 찻잔 세트는 볼수록 반갑고 간질간질한 웃음이 났다. 파이어킹 빈티지 찻잔은 양각으로 꽃과 줄무늬가 장식되어 있고, 물감이 번진 듯한 푸른 그라데이션 때문에 자연스럽게 손이 갔다. 무늬를 따라 손끝으로 전해지는 오돌토돌한 느낌, 그녀 역시 이 찻잔을 구입한 후 수없이 만져보았으리라.

이야기를 나누던 중 최예선이 화려한 꽃무늬 잔 하나를 가리키며 제값에 맞게 산 것인지 물었다. 예전에 일 때문에 부랴부랴 구입하느라 제대로 살펴보지 못했다는 것. 윤경이 바로 찻잔을 살피며 즉석 감정에 나섰다. 좋은 찻잔이지만 가격은 조금 비싸다는 것이 결론. 고온에서 구운 고품질의 경질자기는 바닥에 놓고 손가락으로 퉁겼을 때 맑은 소리가 나며, 빛에 비추었을 때 투명도가 높고 두께가 고르다. 이처럼 찻잔을 구입할 때에는 몇 가지 꼭 살펴봐야 할 것들이 있다. 우선 유명 브랜드의 제품 중 완성도가 떨어지는 비품에는 바닥 로고에 흠집을 낸다는 것을 알아두자. 정품치고 가격이 너무 싸다면 바닥의 로고가 온전한지 확인해볼 필요가 있다. 또 찻잔이나 주전자는 몸통에 손잡이나 주둥이를 붙여 만들기 때문에 구입할 때 이음새를 잘 확인하고, 사용할 때에도 늘 주의해 다뤄야 한다.

흠 있는 물건들의 미학

"모으는 것으로 치면 찻잔이나 그릇보다는 책이 더 많지만, 홍차에 관심을 갖게 되고, 또 책을 쓰면서 하나둘 모은 것이 이렇게 많아졌어요. 이젠 티포트를 모으고 싶네요."

그녀의 바람을 듣다 보니 주대의 직선 라인이 인상적인 티포트가 눈에 들어왔다. 웨지우드의 '사무라이 라인' 티포트였다. 곰곰이 살펴보니 분명 프린트한 것인데 손으로 대충 스케치한 듯 면을 채워놓은 부분이 참 매력적이었다. 러프한 프린트와 대조적으로 손잡이 주변과 몸통을 빙 두른 금박 테는 고급스러운 느낌을 준다. 형태와 마감 모두 단단한 이 티포트는

1 날렵한 주대로 형태의 미학은 살렸으되 주전자 고유의 실용성은 다소 떨어지는, 그래서 더욱 특별한 웨지우드의 사무라이 라인 티포트. 2 구입할 당시에는 빈티지가 아니었지만, 이제는 더 이상 생산되지 않아 자연스럽게 빈티지가 되어버린 바바라 배리 뮤지컬 체어 찻잔 중 18번. 3 빈티지 파이어킹 찻잔과 소서. 매끈하지 않은 표면과 끝 부분이 푸르스름하게 물든 색 표현이 인상적이다. 4 각각 다른 벼룩시장에서 샀지만, 묘하게 닮은 두 개의 찻잔. 5 남성적인 느낌을 풍기는, 넉넉한 품의 찻잔. 테두리의 갈색이 네이비가 풍기는 차가운 느낌을 완화시켜준다.

1997년에 생산된 것이었다.

웨지우드 사무라이 라인은 제품 구성이 굉장히 다양하다. 디너웨어는 둥근 접시뿐 아니라 사각 접시 등이 크기별로 나오고, 3단으로 쌓을 수 있는 각진 세트볼, 코스터, 매트는 물론 유리접시, 선물용 도자기까지 있다. 사무라이 티포트를 가만히 보던 윤경이 날렵한 주대에 관한 이야기를 꺼냈다. 보통 주전자는 주대, 즉 주둥이가 불룩한 배처럼 곡선 형태인데, 사무라이 티포트는 몸통과 주대 사이에 물이 고일 수 있는 공간이 없고 물이 흘러나오는 길이 직선이라는 것. 무사의 칼을 시각화하고 싶었던 것일까. 주전자에서 흘러나오는 물 끊기, 절수가 정확하지 않을 것이라는 말이 이어졌다.

"맞아요, 사용해보니까 그렇더라고요. 어쩌면 이 티포트가 더 이상 생산되지 않는 이유도 그것 때문 아닐까요? 하지만 그런 부족한 점이 오히려 매력적이에요. 그래서 더 조심스럽게 쓰기도 하고요."

깐깐한 기능주의자라면 본래의 역할을 제대로 하지 못하는 물건을 사용하지 않을 테고, 애착이나 매력을 느끼지도 않을 것이다. 물건의 불편하고 못난 점을 너그럽게 받아들인다는 면에서 그녀는 기능주의자는 아니겠구나 추측해본다. 어쩌면 그래서 빈티지 찻잔이나 오래된 세컨핸드 물건들도 즐겨 쓸 수 있는 것이리라. 남이 썼던 물건, 오래된 물건에는 시행착오와 흠이 있게 마련이니까.

물건에 얽힌 옛 이야기에 홀리다

오래된 물건에 끌리는 성향은 타고나는 것일까, 길러지는 것일까? 주의 깊은 시선으로 세상을 살아온 사람들이 갖게 되는 심미안일까? 미술사를 전공하고, 프랑스의 고도古都 리옹에서 유학한 그녀의 이력은 그 취향의 원인일까, 결과일까. 궁금증으로 가득 차 이야기를 나누다가 그녀의 선호가 단순히 오래된 것이 아니라 '스토리'에 있다는 것을 알게 되었다.

"차를 마시면서 찻잔에 대한 이야기 나누는 걸 좋아해요."

최예선의 찻잔들은 각자의 이야기를 품고 있다. 파이어킹 빈티지를 '쓸어가던' 일본 사람들 사이에서 간신히 구한 것, 프랑스 방돔의 벼룩시장에서 한눈에 반했던 에메랄드빛 찻잔 등은 그날의 기분과 기억을 떠올리고 그럼으로 이야기를 나누게 해준다. 말하자면 그녀의 찻잔들은 마르셀 프루스트의 『잃어버린 시간을 찾아서』에 나오는 마들렌, 발뒤꿈치를 세 번 부딪히면 어디든 데려다주는 도로시의 은구두인 셈이다. 다른 한편으로는 이 찻잔을 사용했던 이는 어떤 사람이었을까, 왜 시장에 나왔을까, 호기심이 온갖 이야기를 상상하게 만드니 작가인 그녀에겐 말끔한 새 제품보다 흥미롭게 다가왔을 것이다. 아무래도 백화점에서 한껏 크고 세련되게 포장된 그릇을 들고 나오는 데에는 모험적이거나 낭만적인 요소는 없으니까.

우리도 그처럼 식탁 위에 음식과 함께 다양한 이야기를 올릴 수 있다. 유명 브랜드라서 혹은 세일이라서 구입했더라도 그 그릇을 살 때의 기분이나 인상, 오늘 식탁에 왜 이 그릇을 올렸는지 등의 이야기를 나눈다면 티 테이블이든, 식탁이든 한층 더 풍요로워지지 않을까.

핸드메이드,
트렌드를 넘다

이 창 연

카페 고희 대표,
허핑턴 포스트 코리아 에디터

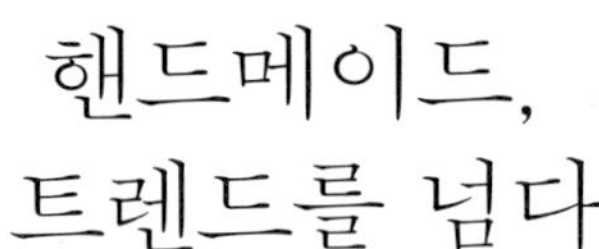

■

한풀 지나간 것 같기는 하지만 '카페를 연다'는 것은 여전히 많은 이들의 로망이다. 단골 손님과 안부를 나누고, 백조처럼 하얀 손잡이가 달린 커피잔에 그윽한 향기의 커피를 내는 매일이란, 무한경쟁 속에서 상사 눈치를 보며 야근을 밥 먹듯이 하는 직장생활과 달리 얼마나 즐겁고 행복할까. 많은 이들이 이런 꿈을 꾼다.

하지만 부디 그런 카페는 상상 속에서만 개업할 일이다. '지속가능한' 카페의 조건을 갖추기란 좀처럼 쉽지 않은 것이 현실이니 말이다. 2008년 문을 연 후로 여전히 처음의 반짝거림이 바래지 않은 카페 고희의 대표 이창연처럼 탄탄한 콘셉트와 이를 구현할 열정이 없다면 더더욱!

웰 컴 투 핸 드 메 이 드 라 이 프 !

경복궁 근처 창성동 골목 안쪽에 자리 잡은 편안한 동네 카페, 서촌 커뮤니티의 한 축이자 다양한 문화행사와 벼룩시장의 구심점 역할을 하는 카페. 이처럼 고희는 여러 매력으로 사람들을 끌어당긴다. 그중 우리는 손으로 빚어 똑같은 것이 하나도 없는 고희의 그릇에 마음을 빼앗겼다. 고희

카페 고희의 부엌을 책임지는 동생과 메뉴를 논의하고 나면 이창연은 음식이 담길 그릇을 만든다. 붉은 수프의 색을 살려주는 담담한 색감의 그릇이나, 녹차 아이스크림, 팥과 어울리는 녹갈색 그릇 덕분에 입도, 눈도 즐겁다.

에서 사용하는 그릇은 모두 이창연의 손끝에서 탄생한 것이다.

"카페를 열 때 잡은 콘셉트가 핸드메이드였어요. 빵이며 음식이며 모두 직접 만드는 것은 물론, 테이블도 전부 설치미술 작가가 만들어준 거예요. 도자기도 초창기엔 작가에게 구입했는데 워낙 기물의 양도 많고 메뉴도 계속 바뀌어서, 무식한 결심이었지만 직접 만들어보자 하고 시작했어요."

그렇게 도예를 시작한 지 벌써 5년. 처음에는 설탕 종지 하나 만드는 데도 꼬박 하루가 걸렸지만, 요즘은 한 번에 필요한 그릇을 몇 개씩 만들어낼 정도로 실력을 키웠다. 카페에서 사용할 그릇을 만들기 위해 시작했으니, 메뉴에 어울리는 형태와 크기로 디자인하고 필요한 만큼 만든다. 그간 몇 군데의 도자공방을 거쳤고, 그때마다 흙과 유약이 달라져 결과물도 조

카페 고희 앞에서 정기적으로 열리는 벼룩시장. 카페에서 사용하기 위해 만든 그릇들은 군더더기 없는 형태와 착한 가격 덕분에 벼룩시장 베스트셀러다. 요즘에는 이웃들도 많이 참여해 그릇 종류 외에도 다양한 아이템을 구경할 수 있다.

목공 작가 변석호의 작품인 그릇장. 주말마다 도자기를 빚어온 덕에 점점 불어나는 이창연의 그릇들을 너끈히 소화하면서도 리듬감이 느껴지는 형태가 개성적이다. 이 선반을 보고 있으면 그릇이 가득 찬 이런 선반을 갖고 싶다는 소유욕이 한껏 부풀어오른다.

금씩 바뀌었다. 그릇을 만들 때는 가장 먼저 음식을 깔끔하게 담을 수 있는지 그 형태부터 고민한다.

집에 손님이 많이 오고, 식사를 겸한 회의도 종종 해서 이창연은 집에도 넓고 큰 그릇, 앞접시 등을 두루 갖추고 있다. 날이 갈수록 늘어나는 그릇들에 제대로 된 자리를 주기 위해 들인 선반도 카페의 목공 작업을 해주었던 작가의 작품이다. 집을 둘러보니 그릇 선반뿐 아니라 책장과 책상 등도 공장이 아닌 사람의 손을 탄 것들이다. 테라스에는 도자기 물레가, 안방에는 천을 짜는 직조기가 있다니 그녀의 공간이 안팎으로 '수공'의 진심이 담긴 곳임을 알겠다. 집과 카페를 그득하게 채운 그릇들을 보자니, 그녀의 성실함과 핸드메이드에의 열정의 무게가 만만치 않음을 짐작할 수 있다. 덕분에 항상 차고 넘치는 그릇은 카페 고희의 앞마당에서 정기적으로 벼룩시장을 열어 판매한다.

"안 쓰는 그릇은 정기적으로 벼룩시장을 열거나 카페 판매로 정리해요. 수프 그릇 같은 것은 보통 한 번에 수십 개씩 만드는데, 메뉴가 바뀌면 대부분 팔아요. 2천 원, 3천 원에도 팔고 그래요."

가격을 듣고 깜짝 놀랐다. 재료비며 손으로 직접 만든 노력과 시간까지 고려하면 적지 않은 비용을 투자한 셈인데, 만 원도 안 되다니! 이창연을 보면서 불현듯 19세기 영국에서 발생했던 미술공예운동이 떠올랐다. 1861년부터 윌리엄 모리스를 주축으로 펼쳐졌던 미술공예운동은 기계생산에 반대하고 '수공예의 아름다움을 회복하자'고 주장했다. 여기에 동조했던 공예가들의 수제품 가격이 지나치게 높아 대중화하지는 못했지만,

카페 고희는 '핸드메이드'가 콘셉트라, 음식부터 그릇까지 모두 손으로 직접 만든다.

이를 통해 아르누보 스타일의 멋진 벽지와 인쇄물 등이 탄생했다. 윌리엄 모리스가 카페 고희의 벼룩시장을 보면 손뼉을 치며 좋아하지 않을까 하는 상상을 잠깐 해본다. 게다가 참여 작가들도 점점 늘어 도자기 외에도 다양한 핸드메이드 제품을 만날 수 있다니 정말 바람직하지 않은가.

손으로 만든 것의 아름다움

고희를 열기 전 이창연은 17년 동안 호텔에서 일했다. 웨스틴조선, 쉐라톤, W를 아우르는 호텔 그룹의 서울 사무소 대표로 일하며 브랜딩과 마케팅에 꾸준히 관심을 가져왔다. 이후 일본, 산티아고 등 세계 곳곳을 여행하고, 홍보·마케팅 회사를 열기도 했다. 카페 컨설팅을 위해 종종 해외에도 가는 그녀에게 좋아하는 도자기 브랜드는 무엇인지 물었다.

"딱히 좋아하는 브랜드는 없어요. 굳이 꼽자면 헬싱키의 아라비아 핀란드 뮤지엄에서 본 옛날 도자기 정도? 청화로 장식된 옛 아라비아 핀란드 제품에서 손으로 만든 느낌이 물씬 풍기더러라고요. 대대로 물려 쓴 그릇을 취급하던 북유럽의 앤티크 숍에서 본 것도 마음에 들었는데, 사진 않았어요."

좋아하기는 하지만 소유에 집착하지 않는 것은 그 자신이 그릇의 생산자이기 때문인 것 같다. 핸드메이드를 좋아하는 취향의 기원을 묻는 질문에는 이런 답을 했다.

"손으로 만드는 것에는 모두 나름의 아름다움이 있어요. 도자기의 멋은

똑같이 찍어낼 수 없다는 것에 있어요. 만드는 사람의 손길이 드러날 수밖에 없죠. 공산품은 유행을 타잖아요. 그런 물건을 사용하면 시간이 지날수록 공간이 촌스러워져요. 호텔도 그래서 정기적으로 레노베이션을 하죠. 카페 오픈을 준비할 때 유명한 곳엔 일부러 가지 않았어요. 그저 내가 가고 싶은 카페를 만드는 데 집중했죠."

그래서일까, 이창연의 고희에는 유행을 타지 않는 고유의 분위기가 있다. 최근 그녀는 인터넷 미디어 '허핑턴 포스트 코리아'의 인테리어·라이프스타일 에디터라는 새로운 일을 시작했다. 이전부터 하던 일과 크게 다르지 않아 버겁거나 어렵지는 않다고. 그녀의 통찰력과 그간의 경험들이 담긴 콘텐츠가 어떤 모습일지 기대된다.

I love coffee,
I love tea

나 만 을
위 한
티 타 임

가끔은 자신만을 위한 풍요로운 티타임을 즐겨보는 것은
어떨까. 핑계 삼아 꽃도 한 다발 사고, 식구들 뒤치다꺼리에
바빠 제대로 써보지도 못했던 티포트와 찻잔을 꺼내 향이
고운 차를 마시자. 시간이 멈춘 것처럼 느긋하게 누리는 것
이 핵심. 매일 반복되는 팍팍한 일상을 견디려면 가끔은 나
만을 위한 순간이 필요하다.

꽃 보 다
홍 차

수많은 찻잔에 예쁜 꽃들이 새겨진 것은, 차와 함께할 때는 진짜 꽃은 멀리하라는 의미가 아닐까. 꽃향기가 홍차의 향을 덮어버릴 수도 있으니 말이다. 그래도 꽃을 바라보며 차를 마시는 기쁨을 포기하진 말자. 유난히 향이 짙은 꽃이라면 유리 뚜껑이 있는 케이크 스탠드에 담아 센터피스로 활용하면 어떨까. 향기 없는 꽃이라도 눈은 즐겁고, 코끝에 감도는 홍차 향이 그 아쉬움을 달래줄 것이다.

찻잔을 위한 투명한 집

소서와 함께 있는 찻잔은 수량이 많으면 보관하기가 불편하다. 많은 이들이 소서와 찻잔을 상자에 보관하곤 하는데, 이왕이면 찻잔이 보이도록 투명한 아크릴 상자나 작은 온실에 보관하는 것은 어떨까. 보기에도 예쁘고, 그날그날 마음에 드는 찻잔을 꺼내 쓰기에도 편하다.

COFFEE HOUSE
COFFEE FRUIT
Organic
TEMALA
2011
NET

검은색 커피,
오렌지색 머신,
푸른색 머그

'커피는 지옥처럼 검어야 하고 죽음처럼 진해야 한다'는 말이 있다. 지옥처럼 검은 커피 색을 바꿀 수야 없으니, 컵이나 머신, 액세서리를 명랑한 색으로 골라보면 어떨까. 카페인과의 상승효과도 기대되고, 무엇보다 커피와 발랄한 색상이 잘 어울린다.

핸드메이드 커피

어떤 철학자는 '커피는 고독한 어른의 음료'라고 했다. 커피의 쓴맛을 즐길 줄 알아서가 아니라 혼자 있는 시간을 견딜 수 있기 때문이란다. 가끔은 주문하면 바로 나오는 카페 커피 말고, 핸드밀로 원두를 갈고, 모카포트를 불에 올려 '치이익' 하는 소리와 함께 올라오는 커피를 기다려보자. 커피를 위한 나만의 의식이 있다면 고독도 그리 쓰지만은 않을 테니.

1 티포트 | 폴란드그릇 에바 **2** 팝 티포트 | 사가폼 **3** 데이지 티포트 | 데꼴

4 티포트 ｜ 페어트레이드 그루 **5 참외무늬 윗손잡이 주전자** ｜ 도농도예 **6 티포트** ｜ 호가나스
7 화이트 블루 법랑 주전자 ｜ 마메종 **8 쿠쿠 티스토리 티포트** ｜ 웨지우드 **9 법랑 주전자** ｜ 후지호로

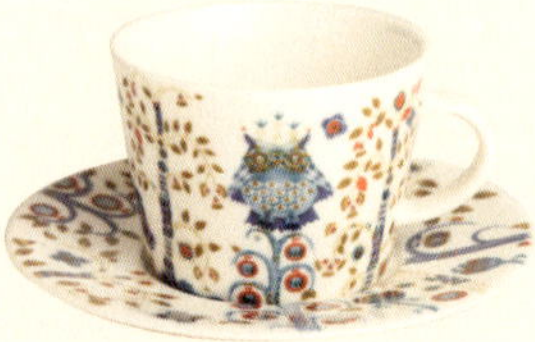

1 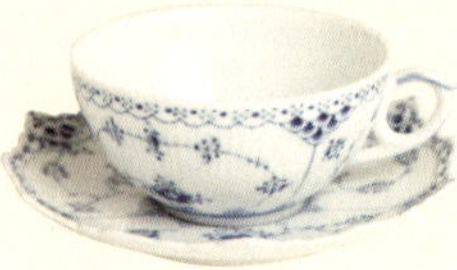   2 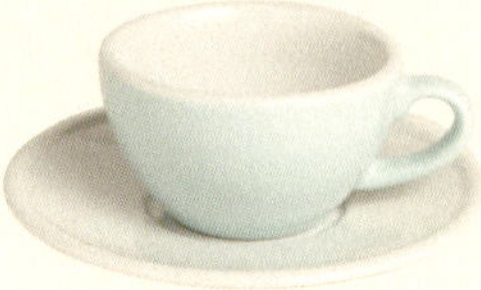   3

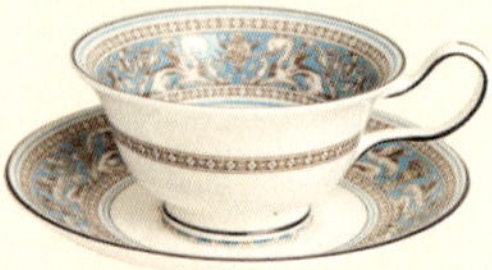

4 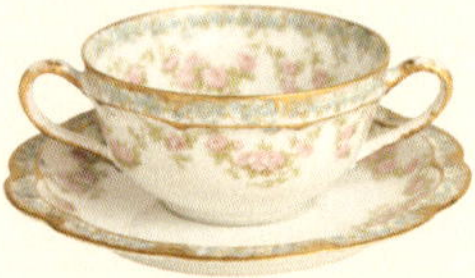   5 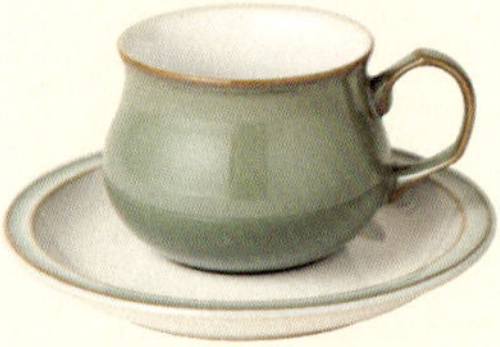   6

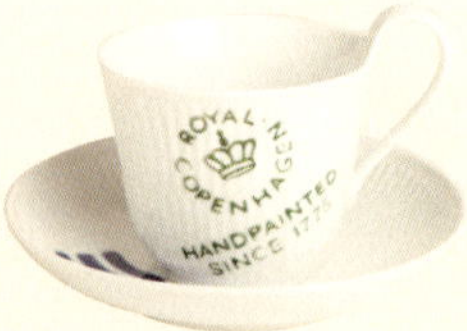

7 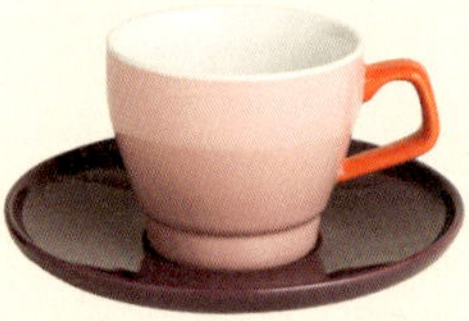   8 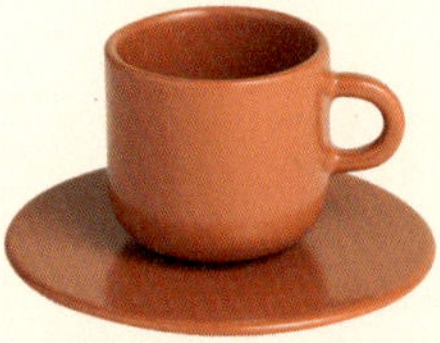   9

1 타이카 티컵 앤드 소서 ｜ 이딸라 **2** 블루 플루티드 풀 레이스 컵 앤드 소서 ｜ 로얄 코펜하겐 **3** 카푸에그 베이비블루 컵 앤드 소서 ｜ 러브라믹스 **4** 플로렌틴 터콰즈 티컵 앤드 소서 ｜ 웨지우드 **5** 핑크 & 블루 플로랄 더블 핸드 컵 앤드 소서 ｜ 하빌랜드 **6** 리젠시 그린 티컵 앤드 소서 ｜ 덴비 **7** 플루티드 시그니처 하이 핸들 컵 앤드 소서 ｜ 로얄 코펜하겐 **8** 팝 티컵 앤드 소서 ｜ 사가폼 **9** 쌍트로페 티컵 앤드 소서 ｜ L. 페자로

1

2

3

4

5

6

7

8

9

1 리넨 크래프츠맨 머그 ㅣ 덴비 **2** 레이첼 바커 치커리 머그 ㅣ 젠 **3** 쌍트로페 머그 ㅣ L. 페자로 **4** 젠틀 사이즈 항아리 머그 ㅣ 폴란드그릇 에바 **5** 세인트 머그 ㅣ 까사미아 **6** 캐럿 오렌지 머그 ㅣ 르 크루제 **7** 베이지 머그 ㅣ 마메종 **8** 힘멜리 머그 ㅣ 이딸라 **9** 컨트라스트 머그 ㅣ 로얄 코펜하겐

엄마의 손맛과 밥상머리 교육

오 민 정

유치원 교사

오민정이 버려진 책상을 리폼해 만든 부엌놀이 세트와 아이 장난감들.

아이는 반짝반짝 빛나는 축복이다. 하지만 아이가 태어나는 순간 엄마의 우아한 일상 따위는 우주 저 멀리로 사라져버린다. 엄마의 찬장도 마찬가지다. '뽀로로'가 프린트된 총천연색 플라스틱 식기가 찬장의 앞자리를 차지하게 된다. 눈앞에 있는 모든 물건을 손에 쥐고 중력 실험에 동원하는 아기를 둔 엄마 입장에서 플라스틱 그릇은 합리적이고 실용적인 선택이긴 하지만, 아쉬움은 어쩔 수 없다.

그런데 아기를 위해 버려진 책장을 가스레인지까지 완비한 부엌놀이 세트로 리폼한 엄마 오민정의 블로그를 보니, 그녀를 만나면 캐릭터 식기가 점령한 엄마들의 찬장에 도움이 될 만한 팁을 얻을 수 있겠다는 생각이 들었다. 이런 엄마라면 다른 시각으로 아기의 식탁을 바라보지 않을까 하는 기대를 안고 그녀의 집으로 향했다.

도자기 그릇으로 시작하는 밥상머리 교육

오민정은 첫딸이 이유식을 시작할 무렵, 과즙망과 도자기 소재의 이유식 메이커, 가벼운 양손컵과 더불어 아이 전용 식기로 르 크루제의 라메킨

을 준비했다. 그렇게 시작한 이유식의 시기를 지나 아이가 제법 자란 요즘
도 라메킨은 잘 쓰고 있다.

"이제 돌이 지나 혼자 밥 먹는 연습을 하거든요. 플라스틱 그릇은 가벼
워서 아기가 수저질을 하면 그릇이 자꾸 밀리는데, 라메킨은 무거워서 수
저질만 열심히 하면 밥을 혼자 먹을 수 있죠."

아기들마다 다르긴 하지만, 돌 전에는 두 손으로 그릇을 들어 바닥에 내
동댕이칠 수도 있으니 아이가 중력 실험을 그만두는 시점에 따라해봐도
좋겠다.

지난 겨울, 그녀는 공짜로 생긴 커피 쿠폰을 부부를 위한 머그 두 개와
아이를 위한 데미타스로 바꾸었다. 데미타스는 본래 에스프레소를 위한
것이지만, 달리 보니 아이에게 딱 맞는 크기의 '뭘 마셔도 귀여운' 컵으로
보였기 때문이다. 덕분에 아이는 자신의 손에 쏙 들어오는 데미타스로 보
리차를 마신다.

그녀와 도자기 그릇을 쥐고 있는 아이를 보니 모 브랜드 디렉터의 말이
떠올랐다. 그는 "제발 깨지는 그릇에 밥을 먹여 밥상머리 교육을 시키자"
라고 주장했는데, 바닥에 떨어져도 깨지지 않는 그릇에 밥을 먹이면 아이
들이 점점 더 식탁 앞에서 행동을 조심하지 않게 된다는 것이다. 전 세계
적으로 가족의 분화가 가속화되면서 온 가족이 한 상에 둘러앉아 식사하
는 것이 낯선 풍경이 되었고, 그래서 아이에게 식사예절을 가르치는 것이
더욱 어려워진 것도 사실. 밥 한술 떠먹이는 것을 사명으로 알고 플라스틱
밥그릇을 든 채 아이를 쫓아다니는 엄마도 많다. 도자기 그릇을 잘 사용하

오민정이 어린 딸을 위해 차린 밥상

오민정이 손수 차린 백일상

고 있는 오민정 모녀를 보면서, 조심히 다뤄야 하는 그릇으로 아이에게 예의와 범절을 알게 할 때가 언제일지 가늠해보았으면 좋겠다.

아이에게 제대로 된 그릇으로 상을 차려주는 것은 하나의 인격체로 존중한다는 의미도 크다. 내가 대접받고 싶은 것처럼 정성껏 차려준다면, 그런 식탁을 경험하고 존중받으며 자란 아이가 자신과 타인을 한층 더 존중할 줄 아는 사람으로 자라지 않을까?

좌충우돌 그릇 구입기

그녀의 살림살이 구입이 언제나 깊은 사색의 결과로 이루어졌던 것은 아니다. 유치원 선생으로 일하다 결혼을 하면서 오민정은 크고 둥근 접시들을 잔뜩 샀다. 하지만 한 끼 한 끼 상을 차리면서 그녀는 마침내 깨달았다. 이 접시들은 자신의 요리와 맞지 않다는 것을 말이다.

"한식은 국, 밥, 마른 반찬, 젓갈이나 장처럼 조금만 내놓는 반찬, 김치처럼 물기 있는 반찬이 올라오잖아요. 전 이 간단한 걸 몰라서 납작하고 둥근 접시를 엄청 샀는데, 거의 쓸 일이 없더라고요."

시행착오였다. 하지만 덕분에 빌레로이 앤드 보흐의 아우든, 르 크루제의 커다란 디너 플레이트를 마련했고, 또 매일 한식만 먹는 것도 아니니 그녀의 접시들은 찬찬히 그 쓸모를 찾아갔다. 이를테면 남편을 위해 직접 만든 생일 케이크를 담기에 아우든의 프롬메나드 디너 플레이트만큼 넉넉하고 세련된 것이 없고, 크리스마스를 맞아 남편과 동료들을 위해 150개나 구운 스콘 중 몇 개를 컬러풀한 르 크루제 접시 위에 올려 수고한 자신을 위로하기도 했다.

좌충우돌 우여곡절 끝에 오민정의 찬장은 광주요의 아올다와 자연주의 제품 등 한식기로 빼곡히 채워졌다.

"역시 한식에는 한국 브랜드가 잘 맞아요. 쓰임새도 잘 맞고, 담아놓으면 먹음직스럽죠."

도자기 제품은 어쨌든 깨질 가능성이 크다. 실제로 10인용 세트를 갖추고 살림을 시작했던 그녀의 찬장에도 세트 제품은 7명을 커버할 정도만 남은 상태다. 이마트 브랜드 자연주의의 그릇은 저렴하면서도 단순한 형태라 쓰임새가 다양하고, 깨지거나 이가 나가도 갈등 없이 바로 새 제품을 살 수 있어서 애용하고 있다. 색감이 담담하고 형태가 단순해 떡이나 과일 위주로 차리는 돌상에도 자연주의 그릇을 썼다. 그녀가 직접 차린 돌상은 생각보다 훨씬 세련되고 한국적이어서 집으로 어른들을 모시면서 활용하기에도 좋아 보인다.

엄마와 딸, 둘만의 시간을 위하여

오민정은 발랄하고 경쾌한 사람이다. 별것 아닌 이야기에도 참 잘 웃는 그녀에게선 육아의 피로감을 좀처럼 느낄 수 없어 신기했다. 육아는 물론 의미 있는 일이지만 돌 전후의 아기를 키우는 엄마들은 많이 힘들고 피곤하다. 어쩔 수 없이 집에만 있어야 하는 시간이 너무 긴 것도 스트레스다.

첫딸의 300일을 맞아 나간 가족 소풍 풍경

출산 전까지만 해도 멋진 카페에서 친구들과 수다도 떨고 차도 한 잔 하던 젊은 엄마들에게는 특히 쉬운 일이 아니다. 답답함에 옥죄일 수 있는 그 시간에, 그녀는 세계 곳곳의 예쁜 물건을 구경한다. 인터넷을 통해 H&M 홈을 들여다보며 목록을 작성하거나, 마사 스튜어트 홈페이지에서 본 것들을 집에서 직접 만들어 보기도 한다. 무인양품 홈페이지와 일본 아마존 구경을 즐기는 그녀에게 번역기는 정말이지, 충직한 친구다.

오민정의 놀라운 점은 세상의 예쁜 집, 멋진 공간을 구경한 다음 마음에 드는 것을 즉시 실생활에 반영해보는 실행력이다. 유치원 선생으로 일한 덕분에 손으로 무언가를 만드는 것이 능숙하기도 하지만, 웬만한 사람들은 엄두도 내지 못할 것을 가뿐히 만들어내는 걸 보면 놀랍다. 버려진 책장으로 만든 부엌놀이가 그녀의 대표작이다. 처음 만들어준 부엌놀이 장난감을 딸이 망가뜨리자 공간박스로 인형의 집을 만들었다. 목재 선반에 이케아 수건걸이를 붙여 아이의 옷장을 만들고, 직구로 구한 코렐의 스프링핑크 그릇을 볼 때마다 언젠가 딸과 함께 브런치를 먹을 날을 꿈꾼다.

나중을 기약할 여유가 있다니 보면 볼수록 놀라운 엄마 아닌가! 나는 아이를 먹이고 입히고 씻기고 재우는 일이 무한 반복되는 그 시기가 참 힘겹고 버거웠다. 물론 뒤돌아 생각하면 빛나는 순간도 많았지만 기쁨은 찰나요, 어려움은 계속되는 것처럼 느껴진다. 그래서 어서 시간이 지나가기만 바랐는데, '소희 엄마' 오민정을 보면서 깨닫는 바가 많았다. 그 시기도 이렇게 충분히 즐겁게 지낼 수 있는 것을 왜 그랬을까 싶다. 아이가 보고 싶어도 어금니 꽉 깨물고 야근을 해야 하는 날, 아이와 함께했던 시간이 얼마나 아름답고 소중한지, 비로소 알게 된다. 물론 그녀 역시 엄마 노릇이 마냥 행복한 것만은 아닐 것이다. 다만 현명하게 아이와 자신 모두를 위하는 방법을 찾은 것뿐. 그래서 이제 오롯이 책임져야 하는 아이 키우는 엄마들의 어깨를 두드리며 이렇게 말해주고 싶다.

"힘내요. 뒤돌아 생각하면 이 시간이 당신의 삶에서 가장 의미 있고 빛나는 순간일 수도 있어요. 그리고 언젠가 찾아올 엄마와 아이의 시간을 위해 꼭 아이에게 밥상머리 교육을 시킵시다."

흙과 노는 하루, 도자기 공방 나들이

아이들이 그릇을 깨뜨리지 않도록 조심시키는 데 좋은 방법은 직접 그릇을 만들어보게 하는 것이다. 도시에 살면서 흙을 만져볼 일이 없는 아이들에게 좋은 경험이 되는 것은 물론, 스스로 빚고 꾸며 만든 그릇을 사용하면 자존감도 쑥쑥 커진다. 아이들과 함께 도자기를 빚을 수 있는 공방을 소개한다.

헤이리 도자기 체험학교

예술마을 헤이리에 있으며, 탁 트인 교외의 넓은 공간에서 도자기를 만들어볼 수 있다. 특히 300명 이상의 인원을 수용할 수 있어, 유치원부터 초등학생까지 단체 현장 체험 학습이 많이 이루어진다. 개인이나 가족 단위로 가면 물레체험과 초벌 도자기에 그림을 그리는 핸드페인팅을 할 수 있다. 가족 프로그램 비용은 1만2천 원에서 2만 원선.

www.ceramicschool.co.kr | 031-941-2042

빛다 도예공방

네 곳(구로점, 강남점, 성남점, 성북점)의 지점을 운영하는 도예공방. 일일 체험 및 커플 체험, 손작업 및 핸드페인팅, 물레반, 입시도예반 등 프로그램이 다양하고, 어린이집 수업을 자주 진행해 눈높이에 맞는 수업이 가능하다. 비용은 일일 체험 3만 원선.

www.bitda.net

혜화동 아뜰리에 도자기 공방

아기자기하고 가족적인 분위기가 장점인 공방이다. 도자기 일일 체험이나 단체수업 외에도 아동 도자기반을 따로 운영하고 있어 아이들과 체험을 하기에도, 정기적으로 도자기를 배우러 가기에도 좋다. 아동반은 6세 이상 정규수업을 받을 수 있으며, 아이들이 만든 도자기는 가마 소성비 무료. 비용은 한 달 기준 9만~13만 원.

cafe.daum.net/07041505670
www.facebook.com.hyehwadongaaa
070-4105-5670

유니아트센터

도자기 만들기뿐 아니라 창의력과 감성교육 프로그램도 함께 운영한다. 특히 3~8세 아이들을 위한 흙놀이 체험 '노리토 체험'은 이야기와 체험, 전시가 결합되어 오감을 자극하는 구성이 돋보인다. 유아를 위한 도예 체험은 페인팅이 유려하지 못한 아이들을 위해 색소지를 사용해 명료한 색감의 도자기를 만들게 해준다. 중고등학생과 성인을 위한 도예 체험도 운영하며, 서울 광진구 어린이대공원 근처에 있어 나들이를 겸해 가기에 좋다.

www.uniartcenter.com | 02-2201-9300

오늘도 내일도
즐거운 식탁놀이

"아이와 재미있게 놀아주는 게 참 힘들어요."
많은 엄마들이 토로하는 고충 중 하나다. 특히 교육에도 도움이 되도록 잘 놀아줘야 한다는 압박감은 엄마들의 마음을 더욱 무겁게 누른다. 그럴 땐 식탁놀이를 해보자. 식탁 위 그릇과 소품을 소재 삼아 아이와 함께 이야기를 만들어가는 것이다.

식 탁 위 의 스 토 리 텔 러, 그 릇

이유식을 먹일 때 다양한 형태의 그릇을 식탁에 같이 올려놓고 아이에게 이야기를 들려주자. 테마별로 그릇을 분류하는 것도 괜찮다. 예를 들어, 동물 그림이 그려진 그릇을 잔뜩 올려놓고 "사자는 어디 있지?" "누가 밤인데도 잠을 안 자고 있지?" "이중에 목이 제일 긴 동물은 누구지?" 등 아이에게 질문을 던지고 답을 찾아내게 하는 것이다. 그러면 식탁은 색색의 이야기책, 큰 것과 작은 것을 구별하고 동그라미와 네모를 기억하게 해주는 입체책으로 변신할 것이다.

아 이 를 위 해
제 대 로 차 린 밥 상

언젠가 또래 아이를 키우는 친구네 집에 갔다가 아이에게 제대로 상을 차려주는 모습을 보고 놀란 적이 있다. 아이를 위해 밥과 국, 반찬 서너 가지를 각각의 그릇에 담아 차린 모습이 예쁘기도 했지만, 그 의미가 인상적이었다. 아이가 어느 정도 컸다 싶으면 식판 대신 작은 종지들을 모아 제대로 꾸준히 차려주면 밥상을 대하는 태도가 조금씩 변하지 않을까? 도자기 계량컵은 이유식을 먹이는 아기의 식사량을 알 수 있어 유용하고, 어여쁜 문양의 찻잔은 캐릭터 식기로부터 시야를 돌릴 기회를 줄 것이다.

집에서 즐기는
소풍

비가 오거나 황사 때문에 외출이 어려운 날, 아이들과 종일 집에서 보내는 것은 녹록치 않다. 그런 날엔 '소풍놀이'를 해보는 것은 어떨까? 소풍 갈 때 사용하는 아기자기한 프린트가 새겨진 종이컵과 종이접시, 가벼운 식기를 꺼내 바닥에 담요를 깔고 펼쳐놓자. 한쪽에 우산을 파라솔 삼아 펴놓고, 도시락을 먹는 것만으로도 아이들은 진짜 소풍이라도 나온 양 즐거워한다.

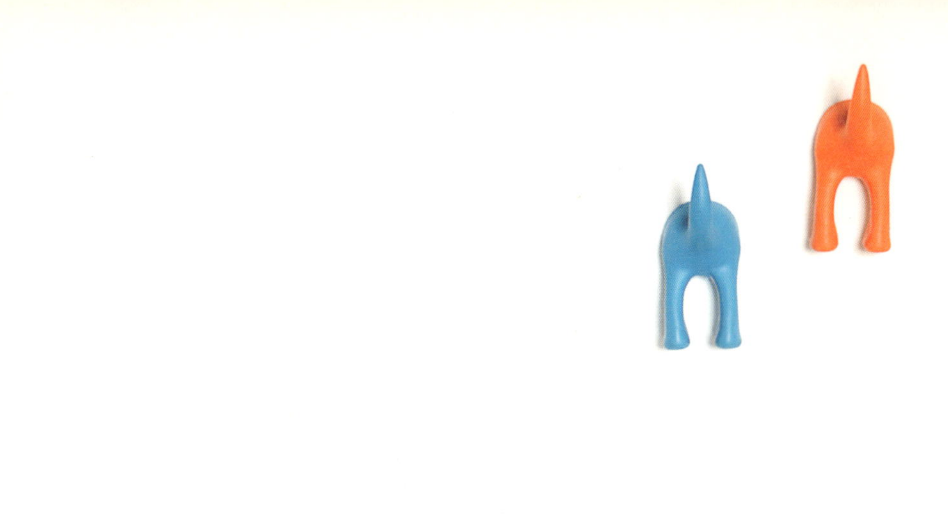
Yes, I'm made
of suger
Yes, I'm made of suger

그릇으로
즐기는
미술놀이

아이를 위한 그릇을 살 때 이왕이면 독특한 그래픽이 들어
간 것을 몇 가지 골라보자. 어린이집에 보내거나 친구들을
불러 파티를 열어줄 때를 대비해 세트로 마련하는 것이 좋
다. 세트로 사면 제각기 그래픽이 다른 그릇으로 구성돼 있
어 아이와 친구들이 각자의 식기를 쉽게 구별할 수 있다. 저
마다 다른 문양을 보면서 아이들이 이야기를 상상하게 하거
나, 따라 그려보게 하면 어느새 미술놀이에 집중하는 모습
을 볼 수 있을 것이다.

마음을 담은
그릇 선물

박 혜 찬

사진가, 스튜디오 아델 공동대표

□

결혼한 지 10여 년이 훌쩍 넘었지만, 박혜찬은 몇 달 전에야 비로소 자신만의 살림을 냈다. 시부모님과 함께 잘 살아왔지만, 일하는 며느리, 사진 찍는 엄마이다 보니 집안 살림은 시어머니의 울타리에 속한 것이었다. 그렇게 지내다가 얼마 전 작은 스튜디오를 열면서 그긴 훗날을 기약하며 하나둘 사서 상자 그대로 모셔놓았던 살림살이들을 모두 옮겨왔다.

지금은 차 마시고, 간단한 다과를 내는 것으로 족한 단출한 살림이지만, 머지않아 이 작은 부엌은 점점 더 많은 것들을 품게 될 것이다. 그녀가 갖고 있는 그릇의 면면을 보면, 이 단란한 공간은 앞으로 한층 더 즐겁고 소란스러워질 것 같다.

빈티지 코렐을 향한 편애

조도가 낮고 유난히 좁아 더 가파르게 느껴지는 계단을 올라 박혜찬의 스튜디오에 도착했다. 문을 열자 드라마틱한 반전이 펼쳐졌다. 리넨 커튼 사이로 부서져 쏟아지는 햇빛 아래 로맨틱하게 꾸며놓은 공간을 마주하자, 마치 일본의 라이프스타일 잡지 화보 속에 들어온 듯했다. 스튜디오 한

쪽엔 그녀가 모은 그릇들이 아름다운 정물화처럼 정갈하게 놓여 있었다.

"최근에 일본 빈티지 스타일에 끌리긴 하는데, 지금은 빈티지 코렐을 많이 갖고 있어요."

어렸을 때 본 기억이 있는 오래된 코렐 그릇들은 '구입'의 경로가 아니라 '선물'로 그녀에게 왔다. 어느 날 큰집에 놀러갔다 눈에 쏙 들어와 큰어머니께 얻어온 것도 있고, 작은형부가 어머니의 다락에서 발견해 막내처제인 그녀에게 선물한 것도 있다. 작은형부가 '좋아할 것 같다'며 한 상자 나 준 빈티지 코렐은 아껴주는 주인을 만나 소중히 대접받고 있다.

코렐 특유의 질감을 가진 그릇들은 대부분 도자기기 이니다. 코렐의 접시나 볼은 압축된 비트렐 유리로 만들어졌으며, 머그를 비롯한 몇몇 제품만 도자기 또는 스톤웨어라 사용할 때 주의할 점이 있다. 비트렐 유리 제품은 설거지할 때 연마제가 들어가지 않은 세제를 써야 하고, 젖은 상태에서 급격한 온도 변화가 생기면 순식간에 깨질 수 있다. 눈에 잘 안 보여도 일단 금이 가면 아무런 징후 없이 갑자기 깨지기도 하니 조심해야 한다. 코렐의 스톤웨어나 자기 제품을 사면 '오랫동안 물에 담그지 마시오' '가열해서 끓이면 유약에 금이 갈 수 있습니다'라는 경고 문구가 붙어 있다.

박혜찬의 작은 찬장에는 코렐 외에도 마음 가는대로 구입한 빈티지 그릇도 꽤 많다. 소꿉놀이하던 시절을 떠올리게 하는 밀크글라스 제품도 귀엽지만, 그중에서도 캐서린 홀름의 냄비가 눈에 띈다. 노르웨이에서 1950년대에 생산된 캐서린 홀름의 에나멜 제품들은 이른바 '미드 센추리 모던mid-century modern'이라는 수식어와 함께 세계 곳곳에서 팬덤을 생성했다. 당근처럼 보이는 그래픽은 실은 연꽃을 모티프로 한 것이며 대담한 컬러를 썼는데도 전혀 촌스럽지 않다. 작은 목재 선반 위, 오밀조밀하게 자리 잡은 그릇들과 강렬한 색감의 냄비가 만드는 대비가 근사했다.

그릇을 나누다

박혜찬의 찬장은 대부분 '선물'로 들어온 그릇들이 채우고 있다. 그녀의 찬장에서 지인의 찬장으로 옮겨간 것들도 많다. 대단한 컬렉션도, 양이 많은 것도 아닌데 그녀의 찬장은 '이것으로 족하다'는 느낌을 준다. 주고받으며 자연스레 개수가 조율되기 때문일까?

"쓰던 그릇을 선물할 때도 있어요. 빈티지 혹은 누군가 사용하던 물건에 거부감이 없는 사람, 소중하게 써줄 사람에게 사연을 적어 선물하는 거죠."

도자기가 황금만큼 귀하던 시절에는 이렇게 할머니의 찬장에서 엄마의 부엌으로, 딸의 드레서로 접시가 흘러가는 것은 일상다반사였다. 유럽에서는 요즘도 특별한 날에 그릇을 선물하곤 한다. 뜨거운 불을 견뎌야 완성되는 자기처럼, 받는 이를 위한 '염원'을 그릇에 담아 선사하는 것이다. 영국에서는 생일이나 기념일에 좋은 접시를 선물하기도 하는데, 그러면 그 접시가 식탁 위에 올랐을 때 선물한 사람과 기념일에 관한 이야기도 함께 올라와 그것이 딸에게서 딸에게로 혹은 친척들에게 계속 전해진다.

박혜찬이 곱게 사연을 적어 선물한 그릇도 누군가의 부엌에서 이야기를

물려받아 쓰던 그릇을 선물하더라도 포장으로 마음을 한 겹 더한다. 조금은 꼬깃꼬깃한 신문지와 노끈만으로도 빈티지 그릇을 암시하는 멋진 포장이 된다. 여기에 꽃 한 송이 꺾어 계절감을 입히면 더할 나위 없다.

흔히 '빈티지 코렐'이라고 부르는 이 제품은 사실 파이렉스에서 제작한 코닝웨어다. 위의 컵은 1960년대에 생산된 더블 블루 밴드 라인으로, 디자인이 깔끔하고 단순해 현대적인 느낌을 준다. 아래의 컵은 데이지 스프링 블로섬 패턴으로 1970년대에 생산된 것이다.

간직한 채 소용될 것이다. 그릇을 주거니 받거니 하다 보면, 그릇에 마음이 담겨 집집을 들락거리게 될 것이다. 조금은 서로 닮은 찬장의 안주인들은 그렇게 이야기와 추억과 취향을 공유하게 되리라.

사진과 닮은 그릇 취향

대화를 나누는 내내 몇 마디 안쪽에 까르르 웃음을 터뜨리는 박혜찬은 소녀의 얼굴을 한 엄마다. 이는 사진가로서 사람들의 행복한 찰나를 포착해온 덕분이다. 비록 손이 쪼글쪼글하다는 큰딸의 철없는 지적에 마음 아파할 때도 있지만 말이다. 그녀는 '사랑스러운 눈을 갖고 싶으면 사람들의 좋은 점을 보라'는 어느 시구처럼, 신랑과 신부의 아름다운 순간을, 사랑스러운 아기들의 표정을 포착해낸다. 그렇게 빛이 순간을 지나 렌즈를 통과해 만들어낸 그녀의 사진은 아련한 추억 한 조각을 들여다보는 듯한 느낌을 준다.

'사진을 마음으로 담아 (추억)을 그리다'라는 블로그 제목은 박혜찬의 성향과 사진이 가진 장점을 잘 표현해주는 문구다. 그러고 보니 추억을 떠올리게 하는 그녀의 사진과 좋아하는 그릇은 닮은 점이 많다. 특히 소중하고 즐거운 추억을 담고 있다는 점이 그렇다. 강철로 만든 자동차도 불과 10년을 버티지 못하고 버려지고 바뀌는 이 얄팍한 내구성의 시대에 누군가에게 물려받은 물건은 그 자체로 의미가 된다.

그릇은 깨지기 쉽다. 그런 존재가 엄마의 찬장에서 딸의 손으로 옮겨올

때까지의 그 시간의 무게를 어떻게 가늠할 수 있을까? 『유혹하는 유럽 도
자기』를 쓴 김재규는 "특별한 수집가가 아니어도 이미 대다수의 주부들은
수집을 어느 정도 하고 있는 셈"이라고 했다. 박혜찬 역시 그릇을 수집하
면서 동시에 추억도 함께 모으고 있는 듯하다.

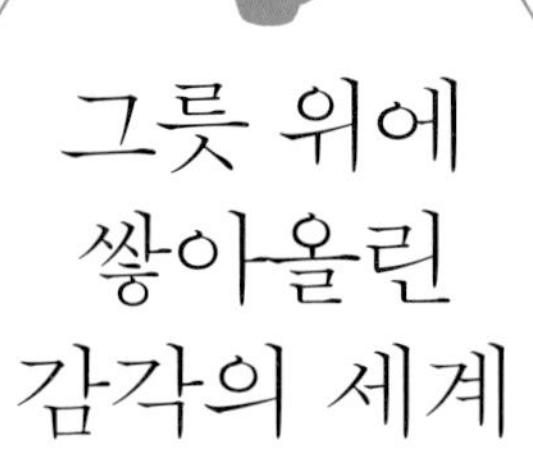

그릇 위에
쌓아올린
감각의 세계

김 세 환

'이누팬' 셰프, 푸드 스타일리스트

□

모든 것은 하나의 로얄 코펜하겐 커피잔에서 시작되었다. 먼지 쌓인 다락방 혹은 소중한 것들을 야금야금 모아놓은 아지트 같은 이누팬의 식탁 위, 백조처럼 하얗고 우아한 라인의 로얄 코펜하겐 커피잔이 우리의 시선을 사로잡았다. 레스토랑에서 이런 커피잔을 내놓다니, 놀랍고 궁금했다. 호기심에 자주 드나들다 보니 인도식 카레와 난이 장독 뚜껑 같은 접시에 나오질 않나, 주황 파랑 노랑의 앞접시를 주질 않나, 데리야키 덮밥은 또 일본 스타일의 볼에 지극히 평범하게 나오질 않나, 도대체 여긴 정체가 뭘까 싶었다.

언젠가는 샐러드 접시를 보고 깜짝 놀라 소리를 지르기도 했다. "뭐야, 이건 심지어 그릇도 아니잖아?" 루콜라와 한우 스테이크가 담긴 샐러드 그릇(?)은 스테인드글라스 같은 무늬의 두툼한 유리 재질에, 그릇이라면 응당 달려 있어야 할 굽이 없어 까딱까딱 흔들리며 샐러드를 서빙하고 있었다. 덕분에 우리의 호기심은 폭발해버렸고 셰프에게 다짜고짜 인터뷰를 청했다. 그리고 이누팬의 오너 셰프 김세환이 얼결에 인터뷰를 승낙하자마자 물어보았다.

"이거 그릇이 아닌 건 알고 있어요?"

그렇게 오뚝이 같은 샐러드 그릇이 식탁 위에 나타난 계기를 파내면서, 그와 그의 그릇에 대한 이야기를 들었다.

그릇이어도, 그릇이 아니어도 좋다

종잡을 수 없는 김세환의 취향의 중심엔 과연 뭐가 있을지 궁금했다. 일단 재미있어야 한다는 답이 돌아왔다.

"재미없을 것 같은 일은 하지 않아요. 재미있는 그릇을 보면 어떤 음식을 담아볼까 바로 상상해보죠. 이 샐러드 그릇도 그릇은 아니지만 이렇게 쓰니 흥미롭지 않나요?"

그렇다. 멕시칸 레스토랑에서 볼 법한 그릇처럼 색감과 무늬가 대담하지만, 채색유리라 투박한 느낌이 덜하고 그 차이로 남미풍으로 보이지 않는다는 것도 재미있었다. 다만 본래 그릇으로 만들어지지 않은 것에는 샐러드나 케이크 등 열이 없는 음식을 담는 것으로 그치는 것이 좋다. 식기가 아니라면 뜨거운 음식을 담았을 때 유해한 성분이 나올 수 있으니 말이다.

이누팬의 스타일링을 가만히 살펴보면 우리 집 식탁 꾸미기에 당장 활용해보고 싶은 팁들이 종종 보인다. 우선 다양한 형태와 색감의 그릇을 사용하지만, 물컵과 커트러리는 같은 것을 사용한다. 테이블마다 컵 디자인이 다를지언정, 하나의 테이블에는 한 종류의 컵과 커트러리를 놓아 자칫 산만해질 수 있는 식탁을 정돈해주는 것이다. 메인 디시를 하얀 그릇에 서브할 때는 각자 덜어먹는 작은 접시를 알록달록한 것으로 골라 식탁에 생

1 언덕에 기대어 선 이누팬의 외관. 소박한 동네 아지트 같은 레스토랑이다. **2** 각양각색이지만 묘하게 비슷한 이누팬 찬장의 그릇들. **3** 같은 특징과 질감을 공유하는 컵들끼리 모아놓아 덩어리감과 통일감을 느끼게 한다. **4** 이누팬의 매력 중 하나인 절벽 밑 좌석. 내부에 있으면서도 내부가 아닌 오묘한 공간으로, 해가 지면 빔 프로젝트로 영상을 틀어놓기도 한다.

기를 불어넣는다. 밑반찬이 많이 딸린 강된장 비빔밥이나 치킨 데리야키 덮밥 등은 반찬 그릇의 높낮이를 다르게 해 리듬감을 준다.

그릇을 돋보이게 하려면 음식을 잘 담는 것도 중요하다. 그가 알려주는 팁은 '삼각구도'를 활용하라는 것이다. 특히 오믈렛, 샐러드, 빵 등 여러 음식을 큰 접시에 함께 올릴 때 삼각구도를 활용하면 집에서도 얼마든지 '카페놀이'를 할 수 있다. 푸드 스타일리스트로 일하기도 했던 김세환은 색감을 가장 중요하게 여긴다고.

"재미있는 그릇을 발견하면 어떤 음식을 담아야 멋져 보일까 생각하긴 하지만, 역시 아직은 유리의 색과 성격을 먼저 고려합니다."

그 말을 듣자 식탁 위에 있던 붉은 접시에 담긴 녹색 로메인이 유난히 선명하고 싱싱해 보였다. 샐러드를 내놓을 때는 붉은빛이 감도는 나무 재질의 볼이나 접시를 고른다는 그의 감각을 슬쩍 빌려봐도 좋겠다.

재미를 근간으로 하는 그의 취향은 또 '오리엔탈'과 '빈티지'를 향한다. 사실 그의 레스토랑에 들어서면 그가 빈티지를 좋아한다는 것은 쉽게 짐작할 수 있다. 빈티지는 와인의 생산연도를 뜻하지만, 옛날 특정한 시대의 스타일을 선호하는 경향으로 그 의미가 확장된 지 오래다. 이누팬은 가히 '빈티지의 요람'이라고 할 수 있을 정도다. 그가 마음에 든다거나 재미있어서 집어든 그릇도 대부분 이런 선호에 닿아 있다. 사극에 등장할 법한 오래된 소반이나 세월이 흘러 색이 바랜 컬러 그라데이션 접시도 그렇지만, 촌스러움과 모던함의 경계를 아슬하게 오가는 그릇들도 바닥을 보면 어김없이 오래된 것들이다. 그래서 그가 그릇을 구경하고 구입하고 생각

하러 가는 곳이 황학동이라는 말을 듣자 아귀가 딱 맞는 퍼즐 조각을 찾은 기분이었다.

"유행에 비껴 있는 것들이 좋아요. 황학동에는 그런 그릇들이 흘러들어 오고, 그래서 의외의 수확을 얻을 수도 있죠. 우연히 눈에 들어오는 그릇을 만나는 재미도 있고요."

많은 오너 셰프들이 황학동으로 그릇을 사러 가는데, 단순히 가격이 저렴하다고 황학동에 가는 것은 아니다. 일단 그곳에 가면 폐업한 식당에서 사용하던 그릇, 재고를 줄일 요량으로 헐값에 내놓은 브랜드 자기 등이 차고 넘치니, 같은 제품을 여러 개 구입하기 좋다. 김세환에게 황학동 그릇시장은 가격과 재미를 모두 만족시켜주는 실용의 장터인 동시에 출처를 짐작조차 할 수 없는 요상한 그릇을 만날 수 있는 흥미 만점 벼룩시장이다.

요리하는 푸드 스타일리스트

"전에는 직업군인이었어요."

그가 인터뷰를 시작하며 꺼낸 첫마디 덕에 우리는 그의 이야기에 홀딱 빠져들 수밖에 없었다. 파란만장 흥미진진한 인생극장이 펼쳐질 것 같았달까.

"고등학교 학비를 지원받으며 소양교육을 받고 졸업한 다음 공군에서 부사관으로 근무했어요. 의무복무기간이 끝나갈 무렵, 새로운 일을 하고 싶다는 생각이 들더라고요. 일단 요리와 패션 쪽 일을 해보고 싶어서 패밀리 레스토랑 주방에서 일도 해보고, 동대문에서 옷도 팔아봤어요."

시간이 소복이 쌓이는 동안 그의 마음은 요리로 기울었다. 그러다 지하철에서 우연히 푸드 스타일링 학원 광고를 보고 본격적으로 요리를 배워볼 결심을 하게 되었다.

국내 최초의 푸드 스타일링 학원을 다니면서 그는 여러 선생님들을 만났고, 일과 공부가 한 몸이었던 시간을 보냈다. 그 시간 속엔 전 지구적 요리의 정수를 탐색하는 '오키친'도 있었고, 빈티지 무드로 유명한 '송스키친'도 있었다.

어쩌면 그가 요리사로 살아남을 수 있었던 건 군인이라는 전직이 한몫한 것 같다. 레스토랑의 주방은 무시무시하게 엄격하고 강철 같은 체력과 인내심을 요구하며, 세상이 끝날 것처럼 바쁘고, 용광로처럼 뜨거운 '헬스 키친hell's kitchen' 그 자체니까. 요리사라는 직업의 고단함과 어려움을 넘어설 수 있었던 것은 일찍부터 다져온 군인정신 덕이 컸을 것이다.

주방 스태프를 거쳐 푸드 스타일리스트로 독립했을 때, 자신만의 요리 스튜디오로 처음 마련한 곳이 이누팬이다. 이후 작업실을 확장해 레스토랑을 겸하면서 두 일을 함께 하는 것은 '미션 임파서블'임을 깨닫고 셰프로서의 삶에 집중하고 있다. 더 이상 푸드 스타일리스트로 활동하지는 않지만 스타일링 작업은 늘 하고 있다. 새 메뉴를 만들며 어떤 접시와 어울릴지 고민하고, 황학동에서 낡은 물건들을 눈에 띄게 혹은 띄지 않게 끊임없이 재배치하면서 말이다. 간혹 레스토랑 컨설팅도 하는 그는 예전

과는 다른 방식이지만 단순히 요리와 접시의 영역에 한정되지 않은, 확장된 개념의 푸드 스타일리스트로 여전히 활동 중인지도 모르겠다.

소박한 이터리, 이누팬

'이누팬IINUPAN'의 명함을 보면 '이터리Eatery'라는 단어에 눈길이 간다. '레스토랑'이 아니다. 둘 다 음식점이란 뜻이지만 소박한 느낌을 표현하고 싶어 '이터리'라는 단어를 골랐다. 그래서 이누팬의 메뉴는 여러 가지가 편안하게 뒤섞여 있다. 브런치 메뉴부터 강된장 비빔밥과 파스타, 데리야키 소스 덮밥과 난을 곁들인 카레를 한 테이블에서 모두 맛볼 수 있다. 맛도 모두 평균 이상이다. 직접 훈연한 수제 베이컨이나 소시지, 햄도 맛볼 수 있고, 간혹 메뉴가 바뀌는 것처럼 야금야금 변하는 인테리어도 흥미롭다. 저녁에는 좌식 테이블에 앉아 영화를 볼 수도 있다. 동네 사랑방 같은 곳에서 느긋한 시간을 즐기고 싶다면 가볼 만하다.

이누팬 | 서울시 성북구 성북동 112-1 | 070-6473-9869
영업시간 12~24시, 브레이크 타임 15~17시 | 월요일 휴무

레스토랑용 그릇 사는 법

레스토랑용 그릇을 살 때는 여러 가지를 고려해야 한다.
다음의 질문을 만족시키는 적절한 답(그릇)을 찾아내기만 한다면 그 시작이 한결 가벼워질 것이다.

1. 가격은 충분히 저렴한가?

새로운 시작에 걸맞게 좋은 식기들을 갖추고 싶을 것이다. 하지만 그릇 외에도 돈 들어갈 곳은 많다. 중고 그릇을 충분한 시간을 들여 잘 골라보자. 중고시장에서는 똑같은 그릇을 저렴한 가격으로 다량 구매할 수 있다. 품질이 비슷한 것도 가격이 한결 낮고, 새 플라스틱 그릇을 살 돈으로 중고 도자기 그릇을 살 수 있으니 최대한 아끼고 아껴가며 그릇을 구비할 수 있는 방법을 찾아보자.

2. 깨졌을 경우 대체하기 쉬운가?

그릇의 사용 빈도가 높고 신속한 서빙이 요구되는 점 등 다양한 이유에서 레스토랑의 그릇은 깨질 위험도 있다. 그러니 그릇이 깨지거나 망가졌을 때 그 자리를 빨리 채울 수 있는 것을 고르자. 요리를 돋보이게 해주는 것도 중요하지만, 깨졌을 때 같은 것 혹은 비슷한 것을 구입할 수 없는 그릇이라면 다시 생각해보는 것이 좋다.

3. 보관하기 편리한가?

실제 수납공간을 감안해 공간을 적게 차지
하는 그릇을 고르는 것도 중요하다. 같은
모양의 그릇들은 안정적으로 쌓아올릴 수
있어야 하며, 손잡이나 형태 때문에 공간을
많이 차지하는 것은 되도록 줄이는 것이 좋
다. 또 식기세척기에 넣거나 싱크대 안에
넣을 때 공간 효율을 고려해 장식적인 요소
가 많은 그릇이나 컵은 피해야 한다.

4. 레스토랑, 요리와 잘 어울리는가?

레스토랑의 맥락 혹은 요리와 잘 어울리는
그릇인지 판단해야 한다. 정성 들여 만든
프랑스 가정식을 플라스틱 그릇에 담아낼
수는 없는 일이다. 떡볶이나 칼국수를 장식
이 휘황한 그릇에 담는 것도 어울리지 않는
다. 레스토랑의 콘셉트를 잘 살리면서 요리
의 메시지를 효과적으로 전달해주는 그릇
을 고르자.

빈티지,
지나간 시절에 대한 향수

패션 분야에서 빈티지란 1920년대부터 80년대에 해당하는 모든 것을 의미한다. 하지만 깐깐하게 시대를 구분하는 컬렉터가 아니라면, 좀 더 편하게 빈티지 스타일을 즐길 수 있다. 벼룩시장에서 찾아낸 그릇을 돋보이게 하는 방법 몇 가지를 소개한다.

NATIONAL
LIFE

절제 혹은
과잉

빈티지 그릇은 단순한 그릇과 배치할 때 그 매력이 빛을 발
한다. 하지만 의외로 단순한 디자인이나 색감의 그릇을 찾
기가 쉽지만은 않다. 그럴 땐 오히려 모던한 패턴이나 부유
럽풍의 패턴을 섞어 사용하면 서로 밀어내지 않고 잘 어우
러진다. 절제 혹은 과잉 둘 다 괜찮다.

빈티지 그릇 중에는 너무 화려해 촌스럽게 느껴지는 프린트나 패턴이 낳다. 이런 그릇을 가지고 있다면, 유리나 나무, 금속 등 자연 소재들 속에 놓아보자. 프린트에 시선이 가면서 오래되고 정감 있는 속성이 더욱 돋보일 것이다.

코 리 안
앤 티 크
속 의
기 하 학

사진 속의 소반이 얼마나 오래된 것인지는 알 수 없지만, 기하학적 패턴은 세월을 뛰어넘는다는 것만은 확실히 알 수 있다. 기하학적 패턴은 지금도 내로라하는 디자이너나 리빙 브랜드에서 끊임없이 재탄생하고 있다. 그러니 비슷한 패턴을 가진 옛 물건과 요즘 물건을 함께 사용하면 위트 있는 상차림을 연출할 수 있다.

웨지우드 Wedgwood

1759년 영국에서 설립된 웨지우드는 같은 시기에 생긴 유럽의 다른 도자기 브랜드와는 출발 지점이 약간 다르다. 유럽에서는 경질자기가 '하얀 금'이라 불릴 만큼 부와 권력의 원천이었으며, 때문에 각 왕가들은 앞다퉈 도자기 공장을 운영했고 이것이 대부분 지금의 유럽 도자기 브랜드의 시초가 됐다. 반면 웨지우드는 도자기 공장으로 성공한 토머스 웨지우드의 아들, 조사이어 웨지우드가 도제 생활을 거쳐 그 경험을 바탕으로 설립했으며, 기술력으로 왕비를 감동시켜 '로열'이라는 칭호를 받아 마케팅에 적극 활용했다는 점이 독특하다. 덕분에 웨지우드가 사용한 마케팅 전략들은 여전히 경영과 마케팅 분야에서 종종 언급되는 사례로 꼽힌다.

웨지우드 성장에 가속도가 붙은 것은 '퀸즈웨어'라는 크림색 도자기가 출시되면서부터였다. 이 크림색 도자기에 왕비가 경탄, 이것을 퀸즈웨어, 즉 '여왕의 자기'로 부르도록 허락하면서 유명세를 탄 것이다. 덕분에 이 독특한 유백색의 도자기는 전 세계 수집가들의 '머스트 해브' 목록에 오르곤 한다. 여기에 탄력을 받은 웨지우드는 1768년 흑색 토기에서 힌트를 얻은 '블랙 바살트'를 제작하고, 1774년에는 벽옥의 재스퍼 도자기를 선보여 선풍적인 인기를 끌었다. 이것은 웨지우드의 트레이드마크가 될 정도로 성공적이었다.

웨지우드는 도자기와 더불어 은 제품과 크리스털, 직물, 고급 식료품, 티 사업을 함께 전개하고 있으며, 유럽, 북미, 중국, 러시아를 포함한 전 세계 90개국에서 매장을 운영한다.

www.wedgwoodkorea.com,
www.facebook.com/wedgwoodkorea
02-3446-8330

로얄 코펜하겐 Royal Copenhagen

푸른 레이스의 도자기로 여자들을 설레게 하는 로얄 코펜하겐은 1775년 덴마크의 줄리안

마리 황태후의 후원으로 설립됐다. 그때부터 지금까지 로얄 코펜하겐은 핸드페인팅 전통을 유지하며 우아한 실용자기인 동시에 장인정신을 담은 공예품이라는 두 가지 가치를 한결같이 견지해왔다. 덴마크에서 이 브랜드는 거의 문화유산으로 여겨지며, 동시대 예술가, 디자이너들과 협업해 전통을 재해석한 라인들도 꾸준히 선보이고 있다.

주요 제품으로는 설립 이후 현재까지 덴마크 왕실의 결혼, 연회 등에 공식적으로 사용되는 식기 라인 '플로라 다니카', 전통의 '블루 플레인', 젊은 디자이너 카렌 크젤고르 라르슨이 재창조한 '메가', 섬세한 레이스 장식이 돋보이는 '프린세스', 아시아 문화에서 영감을 얻은 '팔메테' 등이 있다. 구입 후 1년 안에 파손된 제품은 1회에 한해 무상으로 교환해주는 파손보증제도를 시행 중이며, 한국에는 17개의 매장이 있다.

www.royalcopenhagen.co.kr
02-749-2002

쉬즈찜머 She's zzimmer

1993년부터 주방용품을 수입·유통해온 유경통상이 운영하는 온-오프라인 매장. 로스트란드, 이딸라, 조셉조셉 등 최근의 핫한 브랜드부터, 전통의 워너비 브랜드까지 수많은 제품을 만날 수 있다. 특히 덴비와 에밀 앙리 등 스톤웨어 브랜드 제품의 구성이 다채롭다. 그릇뿐 아니라 프라이팬, 주물냄비 등의 주방용품, 양키 캔들 등 생활용품도 함께 판매한다. 타이밍만 잘 맞추면 오프라인 매장에서 온라인보다 저렴하게 구입할 수 있다.

www.sheszimmer.com I 1899-1210

네스홈 Nesshome

핸드메이드용 디자인 패브릭 전문숍으로, 매달 10여 종의 새로운 디자인을 선보인다. 네이버 커뮤니티 '네스홈' 카페에서 시작된 덕분에 회원들과 지속적으로 소통하며 제품에 대한 피드백을 발 빠르게 반영한다. 또 개발된 상품은 '린네니아'라는 프리콘슈머 그룹이 직접 사용해보고 각자 활용 방안을 고안하기도 하는데, 그 결과를 모아 『린넨이 좋아』라는 책을 출간했다. 소비자의 의견을 신속하게 제품에 반영하는 덕에 트렌디한 패브릭은 물론, 탐나는 생활소품, 패브릭 스티커 등 실생활에 폭넓게 소용되는 제품들이 많다. 감각적으로 패브릭을 활용한 제품과 감성적인 사진 덕분에 하루 종일 사이트 구경만 해도 심심하지 않다.

www.nesshome.com I 1588-4803

카페 뮤제오 Caffe Museo

이탈리아어로 '커피 박물관'을 뜻하는 카페 뮤제오는 우리나라에 커피 열풍이 불기 훨씬 전부터 모카포트, 핸드밀을 비롯한 다양한 커피 도구를 수입, 판매해온 커피 전문 쇼핑몰이다. 덕분에 어마어마한 컬렉션의 모카포트를 접할 수 있으며, 보덤, 일리 아트 컬렉션, 러브라믹스, 안캅 등의 도자기 제품과 알레시, 에바 솔로 등의 주방용품 브랜드까지 폭넓은 제품을 다룬다. 여기에 생두, 로스팅한 원두, 핸드드립 도구, 홈 로스팅을 위한 기구까지 한 번에 구할 수 있다. 판매에만 그치지 않고 카페 오픈 컨설팅을 비롯해 살롱 드 카뮤를 통해 커피 수업도 진행하며, 그 수업료를 차곡차곡 모아 연말에 기부한다.

제품 소개 페이지마다 도자기, 커피 관련 콘텐츠가 빼곡하게 들어가 있어 사이트를 둘러보는 것만으로도 제법 유익하다. 잡지처럼 잘 구성된 각각의 페이지에는 상품에 관한 상세한 소개, 사용법, 배경지식과 커피 레시피까지 가득하다. 그날 그날 할인 품목이 다른데, 이벤

트 캘린더를 통해 그 소식을 확인할 수 있으
며, 약간의 흠이 있는 상품들은 아울렛을 통해
저렴하게 구입 가능하다.

www.caffemuseo.co.kr I 02-2607-0918

내추럴 기프트 natural gift

환경호르몬과 온갖 유해 물질이 걱정인 시대,
내추럴 기프트가 소개하는 그릇이 그 걱정을
조금 덜어줄 수 있을지도 모르겠다. 유럽과 미
국에서 자연 소재 식기를 수입, 판매하는 내
추럴 기프트에서는 피란드에서 생산하는 목
기 브랜드 '모네랄', 프랑스의 올리브나무 제
품 '베라르', 망고나무로 만든 식기 브랜드 '엔
리코' 등을 볼 수 있다. 깨지지 않고, 가벼우며
친환경적인 아이 그릇을 찾는다면, 사탕수수
와 옥수수에서 추출한 성분으로 만든 '주퍼조
지알' 제품이 안성맞춤이다. 소재부터 스티커,
잉크까지 모두 자연 성분이라 환경호르몬이
용출되지 않으며 100퍼센트 생분해된다. 무엇
보다 명징한 색감과 그래픽이 인상적이라 아
이들이 즐겁게 사용할 수 있을 것이다. 거기에
바위의 질감을 그대로 가져온 슬레이트 제품
을 더하면 지극히 자연스러운 식탁을 완성할
수 있다.

www.naturalgift.co.kr I 031-916-0370

까사미아 casamia

가구, 침구, 주방용품, 생활소품, 커튼 등 집을
위한 거의 모든 물건을 취급하는 홈리빙 브랜
드. 제품의 카테고리와 종류, 가격이 매우 다
양하다는 것이 장점이다. 30여 년간 리빙 트렌
드를 기민하게 반영하며 끊임없이 새로운 라
이프스타일을 제안해왔으며, 전국적으로 대
형 쇼룸과 더불어 인터넷 쇼핑몰을 운영한다.
2011년부터는 까사미아 제품의 매력을 직접
느낄 수 있는 호텔 '라까사'와 카페 '까사밀'을
운영하는 한편, 이삿짐 등을 보관하는 서비스
'까사스토리지'를 런칭해 확장된 서비스를 제
공하고 있다.

www.casamia.co.kr I 1588-3408

폴란드그릇 에바 Ewa

폴란드 라이프스타일 숍을 지향하는 폴란드
도자기 전문점. 폴란드의 볼레스와 비에츠 지

방의 공방, 제조업체와 계약을 맺고 다양한 패턴과 형태의 제품을 수입, 판매한다. 최근에는 제조사들과 함께 에바에서만 볼 수 있는 유니크한 패턴을 개발 중이라고. 초기에는 주로 그릇이나 컵 같은 식기를 많이 들여왔으며, 최근에는 인테리어 소품까지 제품 폭을 확장하고 있다.

www.ewapoland.com I 010-8899-9232

무겐인터내셔널 Mugen International

그릇을 비롯해 다양한 생활용품을 수입하는 무겐인터내셔널은 2003년 일본 교세라를 시작으로 이딸라, 로스트란드, 호가나스, 아리트레이 등 고급 리빙 브랜드 제품을 선보이고 있다. 주로 백화점 영업을 해오다가, 얼마 전 온라인 사이트 무겐몰과 함께 방배동에 전시장, 카페를 겸하는 오프라인 매장 '에델바움'을 오픈했다. 도자기 제품의 비중이 높은 편이지만 유리 제품, 커트러리, 쟁반 등의 키친웨어는 물론 테이블 같은 가구들도 판매한다. 북유럽의 견고하고 묵직한 식기에 관심이 많다면 즐겁게 둘러볼 수 있는 곳.

www.mugenmall.com I 02-706-0350

로맨틱스 네스트 Romantics-nest

프랑스 앤티크 전문 쇼핑몰. 앤티크 가구와 조명, 레이스 등 인테리어 소품과 더불어 하빌랜드의 앤티크 식기와 소품을 취급한다. 시폰 치맛자락처럼 하늘거리는 느낌이 매력인 하빌랜드 제품 중에서도 뚜껑이 있는 부용, 디자인이 독특한 티포트 등은 보는 재미가 쏠쏠하다.

romantics-nest.com I 010-8474-4646

프렌치불 French Bull

대담한 색감과 다채로운 패턴이 눈에 띄는 토털 리빙 브랜드. 프렌치불은 2001년 피오 루치, 타미힐피거와 작업했던 디자이너 재키 샤피로가 런칭한 브랜드로, 1960~70년대 미국의 컬러풀한 레트로풍 이미지를 현대에 맞게 재해석한 패턴이 특징이다. 식기는 물론 가방, 액세서리 등 다각적인 제품 라인을 선보이고 있으며,

그중에서도 생생한 색과 그래픽, 가벼우면서도 쉽게 깨지지 않는 멜라민 소재의 그릇은 아이용 식기로 사용하기 좋다.

www.frenchbull.co.kr I 031-903-9473

페어트레이드 그루

한국의 공정무역을 이끌어가는 시민 기업이자 사회적 기업인 페어트레이드코리아에서운영하는 브랜드. 온-오프라인 매장을 함께 운영하며, 옷이나 가방, 머플러 등의 패션 제품부터 초콜릿, 커피 같은 식품, 아동 착취 없이 생산하는 축구공까지 다양한 공정무역 제품들을 판매한다. 그릇 종류는 리빙 파트에서 구입할 수 있는데, 최근에는 식기보다는 커피 드리퍼, 머그 등을 좀 더 많이 취급하고 있다.

www.fairtradegru.com I 02-739-7944~5

우일요

'예술은 삶으로부터 떨어져 있지 않다'는 기치 아래 1978년 설립, 작품 같은 생활자기를 선보이고 있다. 전통백자를 가장 충실히 구현하면서도 전통에 안주하지 않는 작가라는 평을 듣는 도예가 김익영의 작품을 판매하며, 지속적으로 새로운 시도를 하고 있다. 우일요의 반상기는 마스터피스의 반열에 올랐다 할 수 있으며, 그 밖에도 푼주(아가리가 넓고 밑이 좁은 그릇)나 화병, 항아리 등의 기물과 오리, 말, 진돗개 등 동물 모양의 소품들도 판매한다. 온라인 숍도 있지만, 우일요의 제품은 촉감과 디테일을 직접 느끼고 고르는 것이 좋다. 매년 봄 정기세일을 하니 들이고 싶은 그릇이 있으면 틈틈이 홈페이지를 확인할 것.

www.wooilyo.com I 02-764-2562

르 크루제 Le Creuset

산뜻하고 생생한 컬러의 주물냄비로 유명한 프랑스 주방용품 브랜드. 주물 전문기인 이

르망 드사제르와 애나멜 도색 전문가인 옥타브 오베크가 1925년에 설립했다. 르 크루제는 주물냄비와 화려한 색을 결합시켜 이전에 없던 새로운 필요를 만들어냈다. 식기 라인은 1200도 전후에서 구워지는 스톤웨어가 주를 이루며, 장인의 손길을 거쳐 특유의 컬러풀한 개성을 담았다. 주물냄비와 스톤웨어, 스테인 레스스틸냄비, 주방용품 등의 라인을 운영하며, 한국의 온라인 쇼핑몰에서는 수시로 이벤트를 진행한다.

www.lecrueset.co.kr l 070-4432-4133

스칸 SKAN

북유럽 문화와 라이프스타일을 소개하는 '스웨코인터내셔널'에서 만든 리빙숍. 그릇과 소품, 다양한 오브제 등을 통해 북유럽 브랜드와 분위기를 폭넓게 만날 수 있다. 볼드한 패턴으로 유명한 사가폼, 콘스티그디자인, 코스타보다의 유리 제품부터 가죽 제품, 가구 등 다양한 상품을 갖추고 있다.

www.skan.kr l 02-3444-0608

다문화 & 다완사랑

차문화를 알리는 데 주력하는 곳으로, 다양한 차와 더불어 국내 유명 다완 작가들의 작품, 다도구장, 자사호 등을 판매한다. 작가들의 스펙트럼이 다양해 젊은 신진은 물론 대가의 작품까지 두루 접할 수 있다. 다완의 크기, 유약 등의 정보를 꼼꼼하게 표기해놓아 차제구를 처음 구입하는 이들에게 좋은 가이드 역할을 한다.

teaculture.kr l 053-311-0527

린린 자매의 스윗키친

맛있는 요리와 달콤한 디저트를 만드는 엘린과 아이린 자매의 요리 블로그. 현재는 호주 유학 중으로, 그곳에서도 끊임없이 먹을거리와 식재료를 소개하는 포스팅을 올려 보는 재미가 쏠쏠하다.

blog.naver.com/sh88723

남의 집 찬장 구경

달그락 달그락 젊은 마님들의 그릇 이야기

© 장민 · 주윤경 2015

초판 인쇄   2015년 1월 9일
초판 발행   2015년 1월 16일

지은이   장민 · 주윤경
펴낸이   정민영
책임편집   주상아 · 임윤정
디자인   최윤미
마케팅   이숙재
제작처   미광원색사(인쇄) · 경원문화사(제본)

펴낸곳   (주)아트북스
브랜드   앨리스
출판등록   2001년 5월 18일 제406-2003-057호
주소   413-120 경기도 파주시 회동길 216 2층
대표전화   031-955-8888
문의전화   031-955-7977(편집부) 031-955-3578(마케팅)
팩스   031-955-8855
전자우편   artbooks21@naver.com
트위터   @artbooks21
페이스북   www.facebook.com/artbooks.pub

ISBN 978-89-6196-227-8 13590

값은 뒤표지에 있습니다.
잘못된 책은 구입하신 서점에서 교환해 드립니다.

이 도서의 국립중앙도서관 출판시도서목록(CIP)은 서지정보유통지원시스템 홈페이지(http://seoji.nl.go.kr)와
국가자료공동목록시스템(http://www.nl.go.kr/kolisnet)에서 이용하실 수 있습니다.(CIP제어번호: CIP2014037571)